肖宜兴　著

中国林业出版社
China Forestry Publishing House

感谢李培松老师为本书的撰写提供的帮助。

感谢恩师郑永泰为本书封面题字。

图书在版编目（CIP）数据

宜园盆景 / 肖宜兴著. -- 北京：中国林业出版社，
2023.12

ISBN 978-7-5219-2412-1

Ⅰ. ①宜… Ⅱ. ①肖… Ⅲ. ①盆景－观赏园艺 Ⅳ.
①S688.1

中国国家版本馆CIP数据核字(2023)第210757号

策划编辑：张华
责任编辑：张华
装帧设计：北京八度出版服务机构
————————————————
出版发行：中国林业出版社
　　　　（100009，北京市西城区刘海胡同 7 号，电话 83143566）
电子邮箱：cfphzbs@163.com
网址：www.forestry.gov.cn/lycb.html
印刷：北京博海升彩色印刷有限公司
版次：2023 年 12 月第 1 版
印次：2023 年 12 月第 1 次
开本：250mm×250mm　1/12
印张：19.5
字数：280 千字
定价：258.00 元

作者简介

肖宜兴，天津市人，生于1962年，现任中国风景园林学会盆景赏石分会副秘书长，天津市花卉盆景协会副会长，BCI国际盆景大师。曾相继获得第九届中国盆景展览暨首届盆景协会（BCI）中国地区盆景展览金银奖，第八届中国盆景展览会创作比赛金奖，首届中国盆景制作比赛暨第二届中国精品盆景（沭阳）邀请展获制作金奖。获得2019年国际盆景赏石大会金奖。2023年两个作品荣获第十四届中国（合肥）园林博览会盆景展览暨全国盆景精品邀请展金奖。曾担任天津市第六届盆景展评委，第一、二、三届京津冀盆景展评委。2023年被聘请担任国际盆景大会年度主展览评委。并多次在国家级花卉盆景杂志上发表盆景创作文章。其代表作品有《国魂》《秋山晚翠》《苍林远岫图》《金戈铁马》等。

肖宜兴自幼酷爱盆景艺术及书法绘画，艺龄数十载，对盆景艺术不忘初心，执着始终，师从中国盆景大师郑永泰先生，曾多次向盆景发达地区的老师学艺，积极虚心向盆景前辈学习请教，做人淳朴宽厚，谦和低调。创作技法博采众长，特别在软石山水盆景的创作中，自成一家。经过多年的钻研探索，将中国山水画的皴法与雕刻技法相结合，创立软石山水盆景的锯磨皴法及五面雕刻技法，使其作品更具神韵，意境深邃，有效地呈现出三维立体效果，出神入化，达到了"咫尺之内瞻万里之遥，方寸之中辨千寻之峻"的艺术效果，使观赏者产生步移景迁的视觉震撼。

同时，他还结合天津市的水土气候、自然条件制作出具有天津特色的盆景数百盆，并于2008年创建宜园。现存大、中、微型盆景数百盆，品种包括松、柏、杂木、山水、树石、山野草等。

序

　　和肖宜兴先生相识20年来，他低调的为人处世态度和追求盆景艺术的恒心韧劲，给我留下了深刻的印象。

　　肖宜兴先生喜爱盆景艺术，从20世纪80年代初以来，一直孜孜不倦，致力于探索研究，特别是对以长城为主题的软石山水盆景情有独钟，通过多次实地考察，拜访名师高手，学习借鉴画理，逐步提升技能技巧，经过一次次的挫折改进，不断自我超越，历经近40个春秋，终于取得成功。其作品对主次、虚实、聚散、透视等各种关系处理恰到好处，而对山谷、平台、洞穴、岛屿以及地貌、配件等细节则非常认真严谨，在软石的皱法加工上也颇具特色，作品总体上气势雄伟苍厚、险峻奇秀、沟壑纵横，尽显北方大山自然景色，初步形成一定的个人风格，在各种盆景大赛中屡获奖项。

　　肖宜兴先生还针对天津地域气候环境，特别是水质和土壤的实际，深入细致研究并总结出一套适合北方地域条件的树木盆景培植管理方法，并在比较艰苦的条件下培育出不少优秀的松树和杂木作品。

　　追求盆景艺术之路是一条既寂寞又崎岖的路，肖宜兴先生凭着一股热爱盆景的情结力量和不折不挠的恒心韧劲，数十年如一日，执着追求，默默耕耘，体现了一个盆景人敬业专注、严谨精益、勇于创新的工匠精神，确实难能可贵。

　　山水盆景富有诗情画意，是最具中华民族特色的盆景类别，现肖宜兴先生把他对山水盆景（包括树石盆景）的创作理念、创作技艺经验体会以及天津地区盆景养护管理方法编著成书，与界内同仁共享交流，内容可读性强，技艺方法可操作性强，对山水盆景的普及发展必定起到一定的推动作用。

　　是为序！

2023 年 6 月

目 录

一　软石盆景的制作技法

中国的山水盆景是以山石为主体，表现自然山水景色为内容的盆景。据文献记载，唐宋年间已有把山石装点盆中制成景，称为盆山，但都是为赏石，不具景意，显然是石玩和石供之类。至元明之际开始普遍用这山石装点盆中，制成以石类为主的盆景，这就是今天水石盆景的前身。山水盆景是祖国大好河山、丘壑、林泉、山山水水的艺术再现，是大自然风光的缩影，它具有高雅优美的意境。当人们欣赏到一件精致优美的作品时会恍若置身在名山大川之中，使人联想祖国壮丽山河的旖旎景色蕴含着的诗画之情。近年来，山石盆景发展很快，由于人们对石的观赏历史延续，越来越重视原型山石收集、拼接，以石定景成为创作主流。本人经过近40年的山石盆景的创作，认为艺术来源自然，最终应献奉于百姓。本章分享我对软石盆景制作技法的心得体会。

（一）软石的种类

1.第一种：砂积石

别名：水秀石、吸水石、透水石。

产地：山西、安徽、江苏、浙江、广东、广西、湖北、四川等地。

砂积石属于石灰华类，由碳酸钙与泥沙聚积胶合形成。质地不均匀，硬度根据年份也都不一样，年久则硬。砂积石的石色为白色偏微黄，也有一些是灰褐或者红褐色。

砂积石吸水性比较强，在山水盆景应用中可以用来栽种绿植点缀，特别适合种苔藓。另外，由于其硬度不一，所以根据用途来选择软硬，比如是作山峰，就选坚硬一点的，作山峦就用松些的。

使用砂积石时还要注意，因其质地容易破损，需要注意保护，搬动的时候要小心轻放。如果在寒冷地区，冬天最好把山水盆景放于室内，以防冻坏。

2.第二种：芦管石

别名：麦秆石。

产地：山西、安徽、江苏、浙江、广东、广西、湖北、四川等地。

芦管石有的时候会和砂积石夹杂在一起。颜色偏黄褐色，成分也和砂积石差不多，芦管石形状奇特，有粗如杆的竹管石，也有细如麦秆的麦秆石，管着纹理错综复杂很有美感，所以芦管石在平时山水盆景中多是利用其天然的样式稍稍加工下就可以进行配盆了。

3.第三种：鸡骨石

产地：主要在安徽、河北、山西等地。

鸡骨石含铁硅华，由于其颜色形状像鸡骨而得名。

鸡骨石发育得好就会比较轻而且脆，表里一致非常好雕琢，可以浮在水面上；发育不好，就会很重，质地很硬。

鸡骨石的颜色比较多，有红褐色、白色、灰色、土黄色等，纹理有粗孔纹与细孔纹之分，因为是硅质，不容易风化，所以在山水盆景中，通常用来表现特写山水。

4. 第四种：浮石

别名：浮水石、浮岩。

产地：长白山天池、黑龙江、嫩江及各地火山口附近。

浮石由火山熔岩的泡沫冷却形成，颜色有灰黄、灰白、深灰、灰褐等。质地很轻，可以浮在水面上，吸水力也超强，所以可以附植各种草木。

浮石加工起来也特别容易，用小刀就能雕刻出想要的形状，所以在选料的时候只用看大小，几乎不用看形状。不过浮石时间久了很容易风化，没有人料，所以虽然好用但大多用在小型盆景上。

5. 第五种：海母石

别名：珊瑚石。

产地：东南沿海各地。

海母石颜色呈白色，质地疏松，多细孔，有粗细之分，做山水盆景只选择细海母石，因为它产于沿海，里面含盐分，需要经过很多次漂洗，或者放到锅里煮一下，要不然没办法附生植物。加工雕琢较容易，制作中小型山水盆景，效果玲珑剔透十分美观。

（二）软石盆景的制作技法

山水盆景的制作也是古典园林艺术的缩微创作，必须充分了解自然界的奇山秀水、山体剖析、石的结构、纹的皴法、花草树木的形态特征，这样才能运用自如。我长期以软石盆景制作作为自己的主攻方向，主要是出于以下几方面的思考。

①山石盆景的制作素材分为软石和硬石之分，但是由于受赏石瘦、漏、透、皴标准束缚，同时随着硬石素材对纹理形态要求标准很高而市场素材又稀缺，造成价格攀升，离平民化越来越远。

②软石的素材与硬石正相反，因为原材料量大，价格自然不高，符合盆景进入千家万户的需要。

③硬石作盆景，因石形、石纹、石脉、定景限制较多，而软石更适合山水盆景创新与制作。

④虽然软石自身价格不高，但由于资源相对丰富、石形立意局限性小、石材创作空间大的特点，更适合本人雕凿技艺的发挥。

软石：砂积石

硬石：英德龟纹石

1.软石盆景创作历史突破过程由来

任何艺术的发展都离不开对历史文化的延续与继承，谈软石盆景历史的沿革就不能不从中国山石盆景文化史说起。山石盆景是以各种自然山石为主体材料，以大自然中山水景象为范本，经过精选和切割、雕凿、拼接等技术加工，在盆景之中表现悬崖绝壁、险峰丘壑、层峦叠嶂、江河湖海景色的艺术品。山石盆景又被称为山水盆景，广义的山石盆景包括陈设于几案之上的观山和摆饰于庭园中的小型奇石等。我国从秦代、汉代开始使用园林山石，魏晋南北朝时期在盆景发展的同时，盆景山石与园林山石的鉴石法也正在形成，在选石时已经开始注重山石的色彩纹样以及在形状方面的怪奇。随着唐代士人隐逸文化的发展，"壶中天地"园林的形成，盆景和庭园中开始采用太湖石，同时对太湖石的鉴赏主要集中在山石形状、透漏洞眼以及附生青苔等方面，这时期太湖石的鉴赏法趋于成熟。宋代的盆景山石和园林山石可以分为近山形石、远山形石、形象山石和纹样石四大类。种类不同其鉴赏法也不同，近山形石的鉴赏法与唐代所形成的太湖石的鉴赏法一致，远山形石的鉴赏法与山石的形状有关，纹样石的鉴赏法与山石表面的纹样有关。宋代以后的元代、明代与清代，虽然盆景山石

《仿李成寒林雪景图》

《笔袖骄民图》

《夏山图》

和园林山石被大量采用，但在鉴赏法方面只是继承与发展了宋代形成的山石鉴赏法。

天津山水盆景的发展历史也是较悠久的，由于其靠近京师，受皇家园林的影响较深，但是由于久居北方，只重视山势之雄伟而忽略山川之秀美，在盆景创作表现技法上只体现敲凿之刚劲，而忽略山水意境婉柔，尤其在皱法的使用上，无法领略中国古山水画的意境。本人通过近40年的实践，通过对五代十国及宋代的各家山水画派的研究，特别是王维的雪景、李成的寒林、董源的平峦远清、巨然的秋山萧寺、王洗的渔村小雪、米氏父子的云山烟雨，深深地感悟到中国山水画自唐代以来历经三度变法，时经800余年形成以禅道为立境、以诗义为喻义、以三远为空间、以皱擦为笔墨、以自然为参照、以心源为师法的一个完整的表述系统。那么如何将山水画的皱法引入软石山水盆景的创造之中呢？

这就不能不先从画的皱法说起，以皱为美的山水画，从视觉心理角度看，主要是人们面对自然时藉于观察而形成的一种有创意的视错觉笔墨，这类笔墨有效回答了中国人如何在一个二度的平面中表现三度感，从这一意义说，笔墨即为美、空间、自然的同形，它是一个复杂的系统结构，它是中国人独特的空间视错觉。若我们用科学的原理诠释古典的笔墨会看到皱法美的一些基本结构。一是"点、线、面"的立体结构。山水

画发展至成熟最显著的标志便是皴法有了三维认识，其线——披麻皴，点——点错皴，面——斫垛皴的基本定义，为中国画的描述奠定了基础。二是凹凸感的视觉结构。最有意义的是提出了凸处稀、凹处密的视错觉观，实质上这是墨的明度效应，中国人开始便执着于觉察不到光线作用的绘画法则，从而在阴阳、疏密、远近的质地范畴描写上，有力依据笔墨（明度）对衬关系将远映效果达于极致。三是笔与墨的有机结构，以勾皴、点染的不同技法，表现风晴雨雪的不同气象，从而实现峦光山色、朴茂静穆的平深布局，有了这三点基本认知，中国山水画在形状、形式、空间、色调这四大基本范畴上即有了一个系统结构，以皴为法的笔墨成为中国山水演义的美知主脉。

以上通过对中国山水画的皴法的表述，各位盆景爱好者应该能对中国山水画的发展及笔墨技法的使用有一定的了解，我为什么要用如此大的篇幅来讲解山水画技法，如果盆景制作者无法领悟山水画的神韵、气势及技法，在接下来的软石盆景制作过程中就无法学以致用，也就是说所创作的软石盆景也无法向大家展示出"立体的画、无声的诗"的美学内涵及灵山、静水、香岸、泊舟的自然之情。

2. 软石盆景制作的工具种类

锯、锯笔（大、中、小）。

尖扁斧，俗称小山子。

铁刷、钩、铲、凿锥、长颈喷壶、毛刷。

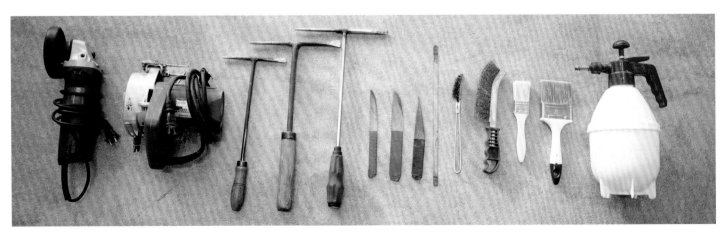

软石盆景制作的工具

（三）软石盆景的加工制作

软石制作对于石料选择没有硬石对纹理要求那样严格，但是也应在审石时注意纹理走势的一致性，以便在加工时更能突出石料的形态。软石盆景加工步骤可以分为立意起型创作阶段、细雕成型加工阶段、栽植精养成型阶段。

1.立意起型创作阶段

（1）软石盆景制作前准备

首先是选石，因为主要是集中于后期的加工上，故应尽量挑选饱满、宽幅、轻盈的原色石材，石纹应选择竖纹。

敲石　对选好的石料进行敲打，对于空声的要及时除掉，防止在日后的雕凿中易受到破坏以影响最初立意效果。

洗石　让石的表层"去伪存真"，软石用毛刷进行洗刷。

审石　就是将洗刷清洁过的石料放在工作台上进行观察，并且与要创作景象进行联想。要全方位多角度地进行观察，主要是分清上下两端，哪一端作底面，哪一端作顶峰。其次决定如何因形而构思造型，定出刨开后看哪一块石料可作主峰，哪一块可作次峰。审石是软石盆景制作最重要的一道工序，对最终完成后的软石盆景艺术品位、观赏价值的高低有很大的影响。

特别是对初学者来讲，要注重平时对中国古典山水绘画意境、古典文学、山川风茂、地质结构、园林美学的基本知识的学习思考及领悟，要多研究中国山水画知识、历史及画作，特别是五代十国及宋代的山水画的领悟，能识画意，懂画理，最好还能把绘画技巧与手法用于山水盆景的制作之中。

（2）加工的具体方法过程

为了更好地向盆景爱好者介绍山石盆景的加工方法，本人将多年的实践过程，总结为创作七步骤：开壑、塑峰、修坡、建坳、收腰、立脚、整理。

第一步：开壑

什么是开壑？怎样开壑？

山峰和山沟是山的最基本的要素，尤其是山沟必不可少，一块石头如果没有山沟，再大也只是块石头，如果有山沟，再小也是一座大山。因此，鉴定一块石头是山是石，就看有没有山沟，有山沟的是山，没山沟的是石。

山峰是山的实体，山沟是山的虚体，一实一虚构成了山的主体，因此，山石盆景的创作既要重视对实体（山峰）的创作，更要重视对虚体（山沟）的创作，如何对虚体进行创作，就是七个步骤的第一步"开壑"。

创作山石盆景首先要选料，然后根据创作需要裁料、平底，做好准备工作之后，就可以开始第一步"开錾"。开錾就是先刻一条山沟，用山沟将石料分成两部分，使这两部分形成大小、主次、前后、左右的对比，确定透视关系。

要明确山沟不是笔直大道，山沟的基本形态是蜿蜒曲折的，这是由山与山之间的咬合关系所决定的，相邻的两座山峰不管山头相距多远，他们的山脚都是相连的，而且是相互交叉、咬合、交错的。因此，对山沟的塑造就要遵循这一自然规律，自然界山沟的形态千变万化，创作时我们如何把握？

通过观察，我们可以将山沟的自然规律归纳概括为以下几种基本形态：C形、S形、Y形和人字形（俯视），以及由此派生出的变化形态、复合形态。

对山沟的塑造最基本的要求是深而窄。提示：需要反复练习和领悟。

第二步：塑峰

在讲塑峰之前先说一说山峰的特征。首先，山峰不是一个个孤立的圆柱子，如果将山峰刻成一群圆柱子，那不是群山，充其量也就算是石林；其次，山峰不是前面小后面大一圈套一圈的小馒头，也不是左一朵右一朵向后排列的倒"U"字形，如果将山峰刻成这样，充其量也就算是一串不好看的花瓣。"横看成岭侧成峰"是对山峰的真实描述，山峰是由无数个形态各异并且相连的小山组合而成，而且从山脚开始蜿蜒曲折、连绵不断、盘旋而上直至山顶，因此，横着看山峰是一道岭，

侧着看山峰是如刀削斧劈、挺拔苍劲的石崖峭壁直入云天。

再说山峰的顶部形态，山峰的顶部不是一群如剑锋刀尖、犬牙交错、刺破云天的小山尖，相反山峰的顶部恰恰是平坦宽阔的平地，而且可居可游（如泰山），去过山区旅游的朋友应该都了解这一点。

自然界中山峰以及山峰的顶部没有固定的形态，千姿百态、形态各异正是山峰的魅力所在，那么，创作时应该如何把握呢？

通过观察，我们发现山峰的顶部是由很多不同形态的小峰组合而成，其形态常为不方、不圆、不尖、不整、不碎，是没有固定形态的一种复合形态。因此，对山峰顶部的塑造就要把握好这个"五不"的形态。

总之，对于山峰的形态，每个人都有自己的认识和理解，大家可以通过对自然界中真实山峰的观察，进行总结归纳和运用。

通过第一步开錾，已经将石料分成大小、主次不同的两个部分，第二步塑峰就是按照自己对山峰以及山峰形态的理解，将这两个部分分别进行塑造，顺序应该是先主后次、由上至下、由后至前（当然也可根据自己的雕刻习惯顺序进行雕刻）。

第三步：修坡

什么是坡？怎样修坡？

大家知道，任何物体都有其具体的形态，任何物体

的形态都有外部的轮廓线，不同物体的轮廓线是由各种不同形态的线条所构成，山石盆景也是如此，无论是外部的整体轮廓线还是其内部具体的轮廓线，都是由各种各样形态不同的线条所构成（这一点与中国画的理论相一致，学过《芥子园画谱》的朋友都知道，在此不再赘述）。因此，山石盆景创作的一项重要内容，就是对各个部位不同形态线条的刻画，而对线条的刻画就是我们所说的"修坡"。

要刻画线条，首先要了解线条，线条简单地可归纳为直线、曲线、长线、短线、粗线、细线，还可细分为长直线、长曲线、短直线、短曲线、粗直线、粗曲线、细直线、细曲线。

长线、短线、直线、曲线比较好理解，那么粗线和细线怎样区分？粗线和细线是由前面物体与后面物体的距离所决定的，距离远的为粗线，距离近的为细线。

修坡时要把握以下要点：

①刻画长直线要突出其刚健、挺直、宁折不弯的气势，以体现山峰的陡立、苍劲、挺拔之势；

②刻画长曲线要体现其抑扬顿挫的韵律感，线条要富有弹性，以体现山峦起伏变化的柔弱之美；

③刻画粗线要扩大前后物体的距离，以增加前山与后山的空间感，增强立体效果。

长直线、长曲线和粗线是每件作品必不可少的，有这三条线作保障，我们的作品就不至于太凌乱、太散碎、太小气，也不至于像浮雕。

我们可以想象一下，一件作品如果没有这三条线，全是由一些短线、细线所组成，会给观者带来什么感觉？一是散碎无序、杂乱无章，令人眼花缭乱；二是只有细线没有粗线会像浮雕没有立体感；三是局部的散乱无序会影响作品的整体效果。

确定了整体效果之后，下面就是对局部的具体刻画了，对局部的刻画多以短直线、短曲线，细直线、细曲线为主，需要把握的是要简练不要烦琐、要流畅不要壅滞、要富于变化不要刻板。

修坡之后应该使作品的整体以及山峰、山沟的线条更加简练、清晰、明了、富有韵味，以充分体现山峰的刚健之势和山峦的韵律之美。

第四步：建坳

什么是坳？为什么要建坳？怎样建坳？

山坳的形成一般是山体岩石的自然风化物、细土以及植被的腐殖质等，经过长年累月的雨水冲积，淤积在山坡、山脚之处，形成山间的平地，山坳后面依山前面傍水，还有小片的平地，因此适合人类居住、生活和耕作，所以山坳是人类居住生活的场所，是山体不可或缺的一个重要组成部分。

建坳需要注意以下几点：

①要遵循上面说到的自然规律，通过建坳使作品更加接近真实和自然；

②山坞是山中的虚体空间，通过建坞加强山体下部的空间感和前景与后景的距离感，强化作品的立体效果；

③通过建坞扩大山体下部的虚体空间，调整作品的虚实关系，使作品增加空灵感，增强上实下虚的效果，使作品更加符合审美需求。

建坞就是对山腰以下至山脚之间山体的虚体空间进行塑造，要塑造就要先了解它的形态，山坞的虚体空间形态就像一个尖部向下的圆形锥体（变形的、不规则的圆形锥体），创作时一件作品至少要建一个山坞，也可建多个山坞，具体要根据作品整体造型的需要，灵活运用和把握这一要点。

山中的壑（山沟）、坞（山间的平地）、穴（洞穴）是山体的虚体空间，创作山石盆景首先要考虑的就是对虚体空间的创作，其次才是对实体的创作，只有这样才能使自己的创作水平不断提高，才能使作品形神兼备、雅俗共赏。

第五步：收腰

说到收腰首先要了解"腰"在山石中的位置，这就涉及比例问题，万物之间最美的比例是什么？人体双手合十盘腿而坐（简称打坐）是世间万物之中最完美的、最合理的黄金比例。

山石盆景的制作也要参考"打坐"所形成的头、肩、胸、腹（腰）、脚的比例和形态进行构思和设计，

注意这里说的是"参考"而不是"依据"，因为"打坐"是一种对称的静态美，而山石盆景制作所追求的是一种动态美，这又涉及审美观的问题，也需要简单交代一下。

对称是一种美，不对称也是一种美，而在不对称中求得一种平衡的动态美，是山石盆景制作取势的需要，因此，在参考"打坐"的头、肩、胸、腹（腰）、脚的比例时要有所变化，要打破这种平衡，去追求一种动态的、不对称的、势的美，这是在山石盆景制作的构思、设计时首先要考虑的。

下面需要说的是：①山腰在山体中的具体位置；②如何收腰？

在讲如何收腰之前，先说一下为什么要收腰。昂首、挺胸、收腹形容一个人体格健壮，有精神有活力，与之相反的大腹便便、宽袍解带给人的印象却是一副无精打采的慵懒相。山石盆景也是如此，山的腰部不要向外凸而应向内敛，要收进去，以此来突出胸部的外拓，使作品更有精气神，另外，上实下虚是山石盆景给人美感的一个重要内容，收腰也是围绕上实下虚这一审美需求，通过对胸部的外拓和腰部的内敛使作品整体更加完美。

前面说了"打坐"的比例，按照头、肩、胸、腹（腰）、脚各占一份的比例，山腰占的比例是1/5，山腰在山脚以上，因此，从下面数应该是2/5的位置，知道

这个位置了，下面就是如何收腰了，收腰时要把握好以下三个要点：①左右两边不要收在同一高度的水平线上；②两边的力度要有所区别；③收腰后两边的形态要相互呼应。有点难以理解？不要着急，下面先交代一下山的走势问题。

　　自然界中的山峰、山峦都按一定的朝向有规律地排列，这种有规律的排列就是山的走向，山的走向有前后向背之分，按照山脚至山顶的位置，一般山脚之处为前，山顶之处为后，因此，创作山石盆景也要遵循这一自然规律，构思和创作时山脚可在左边也可在右边，那么，左边为前还是右边为前，以山脚所在位置为准。说清了这个问题，再说前面讲的第一点，收腰时"左右两边不要收在同一高度的水平线上"，是指按照山的走势朝向，收腰的位置要前低后高；第二点是说前面要多收，后面要少收；第三点讲的是在同一水平线上前面凹进去后面要凸出来，后面凹进去前面就要凸出来，前后要相互呼应。

　　第六步：立脚

　　创作山石盆景大家首先会想到山峰，其实最重要的不是实体的山峰，而是虚体的山沟，不仅如此，山峦（山坡）、山坳、山腰、山脚其中的任何一种形态都比山峰重要，而在实际操作中这些形态却很容易被忽视，尤其是山脚，究其原因，一般认为山脚在山的最卜部，可有可无一带而过即可，没必要着意刻画。其实不然，试

想一下一座大山如果没有山脚就好比树无根、鹰无爪，什么感觉？头重脚轻（上重下轻）没有根基，因此，对山脚的塑造不仅要了解上面这些内容，还要知道如何立脚。

　　在讲如何"立脚"之前先说一点题外话。

　　大家喜欢看动物世界吗？观看动物的形态，你会发现动物卧下以后，无论从哪个角度看，都只能看到三只脚（两只前脚一只后脚）。这是由透视关系决定的，了解了这个特点，如何"立脚"的问题就已经解决，下面就是在立脚的过程中应该注意的要点了。

　　山石盆景的"立脚"就是模仿动物卧着时脚的形态和位置，举例说明：一只卧着的老虎，我们能看到的是两只前脚和一只后脚，一般情况下两只前脚不在同一垂直线上，远处的一只向前伸，近处一只向前伸的尺度小于远处的，这是有一定道理的。

　　·远处一只前后伸缩的尺度决定左右的平衡；

　　·近处一只与远处一只的距离决定前后的平衡，距离近了山向前倾，距离远了山向后仰；

　　·两只前脚之间的距离是虚体空间，蓄水以后正好形成一个水湾，也是一景；

　　·山脚以上是山腰，山脚向前伸，与山腰向内凹形成对比，正好符合"收腰"的形态。山的后脚与老虎的后脚形态、位置相似，从下向上坡度较缓逐渐陡立，后脚与山体远近位置的紧密度决定山体前倾、后仰的角

度，因此，位置也要得当。

前面所讲三个脚所在位置的三个点正好是支撑山体的三个重要位置，因此，山脚的重要性不言自明，了解了前面这些内容，在实际操作中注意把握好一个要点就行了，即"立脚"要当收则收，不要拖泥带水，力要用到八分，脚向前伸要适度（过了这个度，山就向后躺）。

说到此处，强调一点，制作中形成山坡的形状应由缓至陡盘至山腰，在这个坡上锯出台阶，再在山腰处建一平台与台阶相连，台上置一方亭。试想一下，游人拾级而上，行至山腰有些累时，忽见眼前一方亭，这是怎样的一种欣喜！现在都讲人性化设计，这算不算人性化设计，如此设计还有一层含义，就是暗示观者：转过平台山后有路直通深山之中，是否有点曲径通幽的感觉？

第七步：整理

首先，要对前面六个步骤的操作重新进行审视，看看每个部位的做工是否到位，对做工不到位之处继续进行雕琢、整理；

其次，用前面说过的（一团气体）鉴赏标准对前面六个步骤的操作进行比对和检验，针对存在的问题进行改进，力争做到宁虚勿实；

然后，按照"八破"的标准进行改进，什么是"八破"？这是个专门的话题，三言两语很难说清，所以只举一个简单的例子，比如："破"面面俱到，表面看面面俱到似乎并没有什么不好，其实不然，面面俱到的潜台词是主题不突出、主次不分明，大家知道，山石盆景创作不是对自然景观的照搬照抄，而是通过高度的浓缩、概括、提炼，达到突出主题、表达情感的目的，因此，在整理这个环节就要破除面面俱到，使内容更加精炼简洁，这也与九变之中的浓缩概括、繁中求简不谋而合。

2.细雕成型的加工阶段

首先，对整块石块进行截锯，制作出主峰、次峰、配山、平台、礁岛；

其次，初步起形后用尖扁斧（俗称小山子）对石料进行斩削，作基本轮廓形状的加工，接下来用大锯笔对斩削轮廓进行初步勾磨，然后依然用尖扁斧敲凿、中锯笔勾磨。最后小锯笔进行细雕的勾磨要反复多次形成山形轮廓，注意水线与曲线的变化，勾凿过程中深浅宽窄的掌握。

最后，经过初步的加工创造出基本的因石立景的轮廓，接下来要根据创意及布局的需要对上一阶段已经粗加工过的各胚料进行更加细致的雕琢成型。传统对软石的做法都接近斧劈皴，而我经过多年的实践采用了披麻皴的圆弧形状，并自制锯笔，创立锯磨皴刀雕技法。

山石盆景锯磨（雕）皴是对盆景山石的自然纹理进行临摹和仿照，是经过提炼和概括的，更具有原创性、古朴性和艺术性。不同石料采用不同的锯磨皴法，达到不同制景与创意，最终将山石褶皱的多姿多态表现出来，同时折射出一种震撼人心的沧桑美、线条感、野趣美。

加工注意要点：

由于软石石料好雕凿，所以在雕琢时掌握好手上的适宜力度是非常重要的，操作时宁轻勿重，要均匀用力，特别是在次峰坡角的敲凿、雕磨过程中应注意工具力度，同时细雕琢的过程中要领会"外师造化，中得心源"要旨，做到成竹在胸，从大局着眼，整个细雕过程应本着先外后里、先上而下、先平面后立体的操作原则，先雕外形轮廓线，后雕内部各山峰丘峦、峭壁危崖，使上下、前后层次分明，营造成山中有山、峰中有峰、山峦起伏的画面，由表及里、由下而上的峰峦危崖、丘壑沟洞，使峰峦相依，辉映相衬，最后雕出沟壑、平台、山凹、坡脚等。

3.栽植精养成型阶段

山石盆景被称为无声的诗、立体的画，如何使雕凿石景呈现出画的意境，除了在雕凿时锯磨皴法的使用外，更要用皴的画法技艺，表现出山石表体的纹理和阴阳向背的明暗的视觉空间。山石经敲击雕琢后线条显得生硬，棱角尖突，有新的气势而无古朴气质，行话称火气太重。如何能够达到与自然山形、山状的逼真统一？

俗话讲山无花木则秃，植种花木则秀，关于修整的方法有很多种，本人经过多年的实践创立了一种植栽辅苔时磨养景法。

由于本人使用的是软石，吸水性好，种植植物铺平苔绿有先天的优势，一般在春秋两季进行最佳，夏季太热，冬季太冷，苔藓喜欢潮湿的环境，故春秋两季是苔藓长势旺盛时期，可将铲来的青苔剪用上部较为成熟的孢子体，用泥捣成糊状，涂刷在预先已湿润并已刷上泥浆水的山石上，摆放阴暗处一周左右，防止阳光灼射，经过细心养护，它们就会滋生蔓延全石。植苔的好处是经过春夏秋冬四季寒暑的气候变化会使整个山石有绿有黄，能逼真显示山石的神貌、苍茫及自然。

（四）山石盆景的组合方法

山石盆景的组合，必要谈及中国山水画的境界，凡组合必离不开创作结构和布景的位置。北宋山水画家郭熙的《林泉高致》山水画观：

①认为在绘画创作中必须达到的要求和态度是精神专一，不精则神不专；

②提出可行、可望和可居、可游两种不同境界关系；

③提出关于山水画艺术表面"三远"论。

艺术来源于生活，高于生活，山石盆景亦同此理，因此制作山石盆景不是对真山真水的照搬硬抄，而是对其精简、浓缩和概括，要把他山之美凝聚在一起重新组合为己所用，要化抽象为意象，赋实景于虚景。好的作品在方寸之间股掌之上，给人一种山中能藏百万兵、水中可行万吨船的宏大气势。达到这种效果就需要对空间进行塑造，使其产生一种山外有山、画外有画的效果。关于盆景的组织需要处理的关系很多，比如：结构、比例、主次、透视、刚柔、虚实、动静、咬合、聚散、掩映等及型与势、型与景、整体与局部的关系。

为了使大家能够更好地理解这些关系，有必要先梳理一下山石盆景制作的一些基本概念。

1.对一块石头的雕琢与一件作品的组盆、摆景的区别和关系

对一块石头进行雕琢与用一组石头进行组盆、摆景是截然不同的两个概念，但是，它们之间又有紧密的联系。

众所周知，一石难以成景，一件完整的山石盆景作品是由一组经过精心雕琢、大小不同、形态各异的山石组合而成，因此，在组盆摆景之前根据创作需要，先要对所需石料进行加工雕琢，这是为下一步的组盆摆景所做的前期准备工作。所以，先对组盆摆景所用的主石进行雕琢，是组盆摆景必不可少的前期环节。不仅如此，组盆摆景之前还要对近景、中景、远景，甚至是超远景所需石料进行精心雕琢，以使其形态、风格符合整体造景需要。

2.对一块石头进行雕琢与对一组石头进行组盆、摆景，二者之间制造景深的方式方法不一样

对一块石头进行雕琢，首先要考虑的不是将山峰刻得如何漂亮，而是如何制造景深，因为受所雕刻的石头本身条件所限，要在一块石头上制造景深，可供发挥的余地非常小。因此，只能通过多种综合技法，不断强化山与山之间的咬合关系、山沟曲折萦纡的形态和峰与峰之间的相互掩映，增加层次感，通过强化透视关系来增强立体效果，以达到增加景深的目的。

组盆摆景制造景深的方法是根据整体创作需要，对大小不同、形态各异的山石通过不同组合、合理搭配，在近景、中景、远景，甚至是超远景的位置进行合理摆布，以增加层次、分割水面的方式来达到增加景深的效果。

组盆摆景制造景深的难易程度与所用盆的宽度有关，盆越宽越容易制造景深，越窄越难，如异形的台盆、条盆就比较难，因为台盆是按照窗台的尺寸所设计的，只有长度没有宽度（有的台盆长2m，宽度只有30～40cm），因此在此盆中制造景深难度是非常大的，相反在正圆盆中制造景深就比较容易些，比如：同样以

"两岸猿声啼不住，轻舟已过万重山"为题，在正圆盆中摆出长江三峡的景深比较容易，而在台盆中几乎就是摆不出来，就是这个道理。

3. 对一块石头进行雕琢与组盆摆景的鉴赏标准不同

创作软石盆景的步骤首先要对主石进行雕琢，然后再雕配石，即将近、中、远景所需的配石准备齐全后，就可以进行最后一步"组盆摆景"了，虽然对一块石头进行雕琢与组盆摆景是制作山石盆景的两个重要步骤，但是对不同环节的要求及鉴赏标准是各不相同的。

一块石头经过加工雕琢后，它的成功与否、好坏优劣如何进行评价和鉴赏呢？

我们可以想象一团气体，然后将这团气体放在这件作品中，然后看是否符合以下3个条件：

①这件作品能容下这团气体；

②这团气体能在这件作品的山川之间自由流动；

③这团气体在这件作品中流动时，能做到不壅塞、不阻滞、不流失、不散尽。

符合第一点说明这件作品能做到上实下虚，山体的下部有一定的虚体空间，虚实关系处理得不错；

符合第二点说明这件作品透视关系处理得不错，有一定的景深，而且前景与后景之间有一定的空间；

符合第三点说明这件作品布局合理、内容精简、线条流畅、前后景配合紧密。

前面说过对一块石头进行雕刻最难做到的就是刻出景深（相对而言）和留出一定的虚体空间，一件作品如果符合以上3个条件，可以说基本做到了这两点。

如果不符合以上3个条件，说明这件作品还有很大的改进空间。

那么用这三点对组盆摆景进行鉴赏行不行？

用对一块石头进行雕刻的鉴赏标准去鉴赏组盆摆景，显然是不行的，原因是用一块石头进行雕琢最难做到的景深和空间，在组盆摆景这个环节中却是很容易做到的，不仅如此，通过组盆摆景这种手段所创造出来的宏大场面、雄伟气势以及深远意境，做到"山里能藏百万兵、水中可行万吨船"，区区一团气体何足挂齿，因此对组盆摆景的鉴赏标准与对一块石头进行雕琢的鉴赏标准是截然不同的。

在说组盆摆景的鉴赏标准之前，先说一下组盆摆景的特点和操作方法。自然山水最简单的形态就是两山夹一沟，两山之间必有一沟。因此，最简单的组盆摆景就是将雕琢过的一大一小两块山石分开摆放（中间是水、两块山石不相连），形成了中间是河的简单概念，在此基础上增加山石数量，并不断向前后发展，就形成了一盆之中有近、中、远，甚至是超远景的组盆摆景模式。虽然组盆摆景所创造出来的形态、场面、意境、深度、广度千姿百态，各不相同，但是所遵循的原理却是万变不离其宗，那就是通过两岸实体的山峰、山峦的相互配合将中间的虚体空间塑造成一条气势宏大、意境深远的逐渐伸向远方的大江大河（用此法也可塑造山间小溪）。要达到这种效果，使用的基本技法是了解和充分运用山与山之间的咬合关系，通过两岸山脚的穿插交错，其间点缀岛屿、洲渚，山脚之处配以滩、涂、丘陵等综合技法，分割水面，增加层次，逐层推进，最终达到将大江大河推向远方的效果，了解了这些特点再说对组盆摆景的鉴赏标准就容易理解了。

那么，对组盆摆景的鉴赏标准是什么呢？两个字"精简"，寥寥几块石头达到以上效果是高手，用石数量越少越好，一般而言，以将此盆景拆散打乱之后任何观者都能将其复原为准，如果拆散打乱之后难以复原，说明：一是只有暂时观赏性（拍照用）；二是还有改进和精简的空间。那么数量少到多少为合适呢？一般在10块以内，大部分人都能将其复原，如果超过这个数

气势庞大，意境深远

量怎么办？还是两个字"精简"，精简的过程是一个化繁为简的过程，精简的第一种方法是直接将可有可无的部分拿掉，第二种方法要分成两部分，如果是软石的话就要对配石重新进行雕刻，将几块石头形成的山峰、山峦、山岗、山脚、丘陵、滩涂雕刻在一块石头上，然后用这一块石头去替换多块石头，以此方法来减少石头数量；如果是硬石，就要将相邻的散碎石头进行分组，然后分别用水泥进行粘接，粘接后将3～4块甚至是7～8块石头变为一块，高者还可使用其他方法，总而言之一句话，将所用石头数量减到拆散打乱之后能够复原为好。

了解了组盆摆景这一技法对虚体空间塑造的优势之后，再说一下山石盆景的创作主题。前面说过山石盆景创作可以立意在先也可因石取意，不管采用哪种方式，每件作品都应有一个主题，作者就是通过这个主题抒发自己的情感，这也是"赋形于势，借势抒情"的一个重要内容，因此，塑造一条大江大河并不是创作的最终目的，如果山石盆景创作的主题和形式如此单一，那么山石盆景创作也就失去了它的活力和魅力。

通过组盆摆景塑造一条大江大河只是为创作主题制造了一种环境或氛围，不管这种环境和氛围所创造出的气场如何强大，其作用不过是衬托和配合创作主题。但是，由于这种氛围所创造的强大气场可以轻而易举地吸引观者的眼球，从而忽略了两岸的峰峦、麓坳、沟壑、林泉，因此，如何将观者的眼球重新吸引到创作主题上来，这才是组盆摆景的重要课题和难点所在。

突出主题、主次分明是山石盆景创作的一个重要课题。要突出主题首先要弱化主题周围的环境（也就是那条大江大河），其次就是要综合运用浓缩概括、去除繁复、化繁为简等多种技法，以此达到突出主题的目的，这才是山石盆景创作的真正目的和魅力所在。

通过以上的讲述，主要是想说明对一块石头进行雕琢与最后的组盆摆景是一件事情的两个环节，但是由于环节不同、制作方式不同，因此鉴赏标准不同，组盆摆景时很容易做到的景深和空间，在对一块石头进行雕琢时却很难做到，这两个环节孰难孰易请朋友们自己在实践中慢慢体会。

（五）山石盆景组合摆放图谱

悬崖式

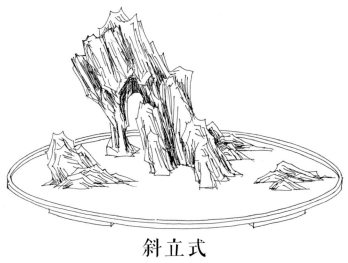

斜立式

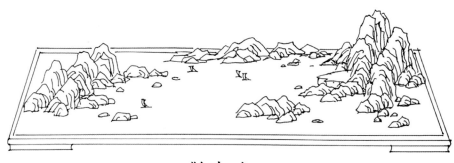

散点式

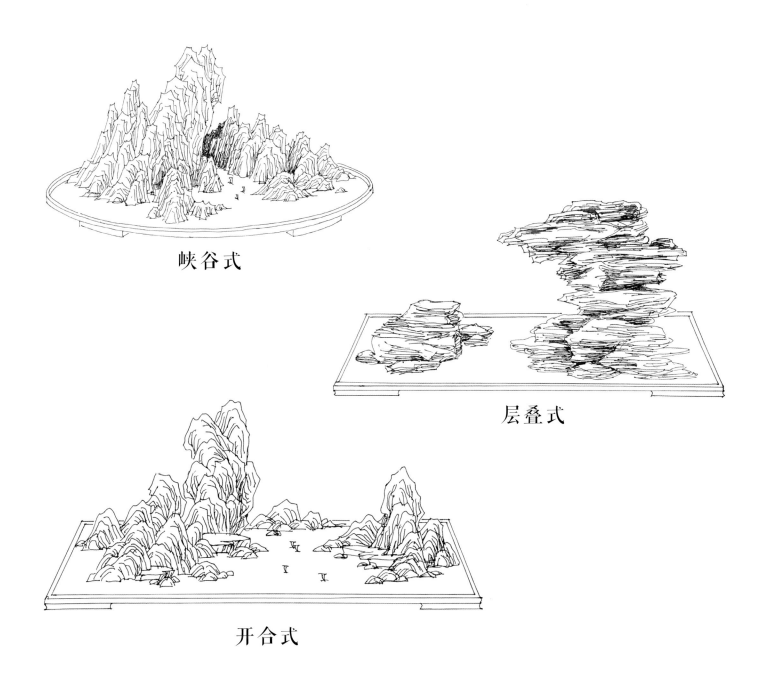

峡谷式

层叠式

开合式

深远式

丘陵式

偏重式

独峰式

（六）山石盆景用盆的观赏性与实用性

虽然山石盆景用盆的品种、材质、形状、比例千差万别，但是，一般可以按尺寸比例分为两大类，即以长和宽的比例分为标准型和异型。标准型的比例一般为长度是宽度的2倍，标准型可以是长方形、椭圆形以及其他的随意形；而异型盆也可分为两大类，一种是突出了观赏性而缺乏实用性的正圆盆，另一种则是为了适应特定摆放位置的条形盆，不同的尺寸比例决定了实用性与观赏性的不同，如正圆盆，由于它的长度仅为标准盆的1/2，而宽度却相当于两个标准盆的尺寸（直径），所以组盆摆景时具有很容易制造景深的优势，其所塑造的宏大场面以及强大气场给人带来的视觉冲击力是其他尺寸的盆所无法比拟的，因此具有很强的观赏性。然而其实用性则较差，因为在现实生活中很难有适合正圆盆摆放的位置和场地。即使有这种场地，一般情况下能容下正圆盆也就能容下标准盆，用能容得下标准盆的场地去摆放正圆盆，等于把大的空间缩小使用，对使用空间也是一种浪费。

异型盆中的条形盆为了适应摆放场地的条件限制，不仅增加了长度同时还缩减了宽度，虽然扩大了景物横向的长度，但是在制造景深方面却增加了很大难度，因而增强了实用性和适应性的同时却削弱了观赏性。

标准盆的特点是既兼顾了正圆盆容易制造景深的优势，同时也兼顾了条形盆扩大横向展示空间的特点，其次标准盆的长宽比既接近于黄金比例，同时也符合一般审美标准，因此，在创作山石盆景选盆时，还是以选择标准盆为好。

（七）《秋山晚翠》实例创作解读

在盆景艺术中，山水盆景是表现自然景观最好的形式，也是最具中国特色的造型形式，我致力于探索山水盆景的制作近40年，特别是软石山水盆景的制作，积累了一些经验体会，现将《秋山晚翠》的创作过程做一些总结，与盆景界爱好者交流。

1.选材

此作品是2007年开始制作，选用了质地细腻、软硬适度、吸水性和储水性都好的海浮石。栽种的植物是选用我自己栽种多年的小型珍珠柏。配件是广东石湾的陶瓷塑件。

2.立意

立意一般有两种方式，即立意在先和因材施艺。立意在先就是根据自己的主观设计进行创作，把自己想象中的景象制作出来，这种立意方法对石材的要求比较严格，同时还要进行认真缜密的思考和设计，因此创作起来费时费力。

《秋山晚翠》是利用石材的形式和特点进行创作，因此，我采用第二种方法，即因材施艺进行立意和创作。确立了这个思路后首先是审石。所谓审石就是对石头的特点、形状、优缺点进行认真仔细的观察，以便在以后的制作过程中有针对性地克服石头本身的缺陷，发挥石头的天然美、自然美，做到心中有数，通过审视我认为以北方大山大川为题材进行创作，可以达到事半功倍的效果。经过一段时间的观察、思考、设计，一幅雄伟壮观、沟壑纵横的秋山景色，在我头脑中慢慢形成，并越来越丰满，同时对石头的雕刻、组盆、植物的品种选择以及栽培养护、人文景观的配置都有了初步的设计和构思，下面就是进行具体创作了。

3.雕刻

根据整体构思，综合石材的形状和大小，分别对主峰、从峰、次峰、配峰逐个进行雕刻，对主峰的雕刻注意突出北方大山的特点，尽量突出其雄浑苍厚、威仪天下、雄踞群山之首、神圣不可侵犯的气势。

从峰是围绕在主峰周围的小山峰，因此，对从峰的雕刻注重形态丰富多样，追求不同的形态变化，使其或端庄秀丽，或婀娜多姿，或险峻奇秀，或挺拔奔放，各有不同，同时还要根据每个从峰的不同位置，使其在大小、高低、朝向、聚散、错落等方面各有不同，使作品生动，耐人回味。

次峰与从峰不同，从峰是围绕在主峰周围的小山峰，与主峰是从属的、聚的关系，而次峰在空间上与主峰有一定的距离、是散的关系，因此次峰要在从属于主峰的前提下做到独立成景。对次峰的雕刻与主峰的雕刻方法基本一样，即每个次峰也要有自己的从峰，而且也要风格各异不能雷同，由于次峰的从峰低于主峰的从峰的级别，所以在雕刻时要侧重使其含蓄内敛，不要张扬，不能喧宾夺主，只有这样才能突出主题，突出整体效果。

比次峰再低一个级别的是配峰，配峰与次峰的关系也是散的关系，类似于次峰和主峰的关系，因此也是独立成景，具体操作参照主次峰的雕刻方法，一个完整的山系配峰之下还有山岗、山峪、山谷、山麓、平台、洞穴、丘陵、岛礁、渚屿等不同部位和景观，这些景物的留存取舍根据主题构思而定，不多赘言。

4.组盆

组盆的过程也是造景的过程，如果将立意用"化意象为物象"来概括，那么组盆就是"置实景于虚境"，如果说雕刻是制造实景，那么组盆就是塑造虚境，就是通过组盆这个过程，创造一个环境，一种氛围，也就是塑造一个空间意境，具体操作重点把握以下3个方面：

①造江河。所谓造江河就是两山夹一水，用实物山体塑造虚体空间，具体操作是通过实景山的主峰与次峰

山脚之间的相互穿插咬合（留出一定空间），塑造一条蜿蜒曲折伸向远方的江河，一件盆景作品中可以两山一水，也可以三山夹两水，还可更多，但应有主次之分，也不宜过多，多则繁，繁则易乱。为了概括浓缩、突出主题，我在《秋山晚翠》这件作品中采取了两山夹一水的模式，同时用远景的矮山挡住江河流向山后，流向远方的视觉效果，以达到增加景深的目的。

②造空间。也可以理解为处理山石盆景的虚实关系，即用实景的山体塑造江河湖泊、水湾水潭、山谷山冲、山坳山涧、洞穴沟壑等山中的抽象的虚体空间，具体操作就是用近景、中景、远景的合理搭配组合，使盆中生成一定的空间，使人感觉好像有一团气体在山间、水间自然流动，随风飘荡，不阻滞，不散尽，形成一种雾自山间起、云傍岭边生的生动的山中景象和想象空间。

③造湖泊。就是塑造近景的水，通过岗、麓、丘、岭、滩、涂等实景与谷、坳等虚景的相互配合塑造近景的潭湾、湖泊等不同形式的近景水面景观，加之适当的

选择主峰原料：海浮石并进行切割

对主峰石材进行切割并进行平底

对主峰进行初步的造型

结合作品创作立意，对主峰与次峰的主次进行空间上的摆放

用于植栽的培养多年的珍珠柏树材

对次峰进行细致的雕刻，注意山势与主峰的协调一致

完成后效果

岛、礁、渚、屿点缀湖泊之间，起到画龙点睛作用的同时，还可使水面景观自然美丽、形式多样、各具特色。既相互映衬，又独立成景，富于变化，给人一种山美水更美的心灵享受。另外，在组盆的过程中除重点把握好上述这三个方面以外，还要把握好山、水、空间的主次关系，做到有主有次，主次分明，对近、中、远景的分布做到聚散有致，虚实相宜。

5. 植物栽培

①品种的选择要经济、美观、便于后期养护管理，适用于浮石吸水性、储水性的小环境等。

②栽培的位置选择，随山形地貌而定，尽量做到美观、自然、逼真、合理，便于修剪养护。

6. 置景

如果说前面的步骤是对自然景观的塑造，那么置景就是将人文景观置于自然景观之中，是根据创作主题需要，将塔亭桥舍、楼台廊榭、舟车人物等不同景物安置于作品之中，使作品接近真实，自然，内容丰富，富有生气。置景这个环节，重点是把握好近大远小的透视关系，符合丈山、尺树、寸马、分人的比例关系，做到符合客观规律，符合自然规律，人文景观应以少而精为好，起到画龙点睛的效果即可。

综上所述，山石盆景是一件活的艺术品，经过前面的创作步骤，《秋山晚翠》这件作品只能算初步完成。后期的养护管理还有很多内容，这些内容是一个再创作的过程，在这个过程中随植物的生长变化，每个阶段有每个阶段的不同，随春夏秋冬、风霜雨雪季节气候的变化，每个时期又有每个时期的不同，这也正是山石盆景创作的乐趣所在。虽然《秋山晚翠》在很多方面还不尽如人意，但是它见证了多年以来本人创作、养护、管理的艰辛历程，其间有烦恼也有快乐，有付出也有所得，其中的苦与乐只有自己知道。

《秋山晚翠》在2016年广州番禺举办的第九届中国盆景展览暨首届国际盆景协会（BCI）中国地区盆景展览中荣获金奖。

二 树石盆景的制作技法

树石盆景，顾名思义，是以植物、山石为主，衬以摆件组合而成的盆景。它介于树木和山水盆景之间。

本章讲述的树石盆景是以树木、山石为素材，经过艺术处理和精心培养，在盆中再现大自然神貌的艺术品。树石盆景的形式活泼，选材丰富，可以较充分地表达自然景观的效果和创作者的思想情感，也就是我们所说的诗情画意。盆景的最大特点是创造意境，意境如何是品评盆景作品优劣的重要标准。意境高雅新奇，则气韵生动，耐人寻味。景无险夷，刻板老套，就平淡无奇。而树石盆景却显示出它独有的优势。树石盆景形成的年代无从考证。但是可以肯定的是，它的缘起与兴盛与我国源远流长的山水文化有着密切的联系。仁者乐山，智者乐水，自古以来，山水林泉就是艺术家格外青睐的主题，而树石盆景，简直就是这一主题的典范。它的天然使命，即以塑造、表现优美壮丽的自然景致在咫尺盆盎，为人们呈现真实感的立体画卷。同时，由于我国历史内涵悠久的诗画传统，山水田园诗歌和山水画作数不胜数，所以，在这一领域，我们有得天独厚的资源和条件。

（一）树石盆景的文化内涵

树与石对于盆景艺术来说，自古以来便是有着密不可分的关联性，树为石显得盎然生气，石为树增添自然景趣，树与石相互衬托，相互依赖。树石盆景是树木盆景与山水盆景的结合，在创作中以树为主，以石为辅，它的素材既有植物和土，又有石头和水，同时还要放置一些小摆件，它所表现的是自然界那种树木、山石、陆地、水面兼而有之的完整景观。

说起树石盆景的创作，就必须提及中国文化的意境，意境或境界作为中国古典艺术史审美特质，深刻影响着我国的各类艺术，任何艺术只要禀赋了这种特质，都会呈现出生动而又含蓄的韵致，它能将中国古典园林之美在方寸之间表达得淋漓尽致。

今天我们所说的意境，首先是一个空间概念，从词源学的视角来看，不论是境还是界都和实体的空间密切相联，虚和实是中国古典造园理论中一对重要的理论范畴，他强调隐与显、藏与露、多与少、浓与淡的对立统一，立足于生动呈现出山水万物，阴阳虚实的复杂交错，以寥寥数笔达到言有尽而意无穷的意境效果。在中国古典艺术当中合理运用空白，可以使作品的意境更加深邃高远，在形似中求神似，由有限中出无限，使空间更具意义。

从某种概念来讲，盆景也是美学性、文学性和科学性的综合体。

美学性 盆景的制作要给人以美的欣赏，古雅秀美，神韵生动，耐人寻味。

文学性 盆景造型构思，有诗情画意，有高低层次，有抑扬顿挫，有起承转合，反映出较高的文学水平。

科学性　盆景的主要造型材料为植物，具有生命的特征及生长发育的规律，这就要求创作者必须掌握园艺科学知识和植物养护管理工作，只有如此才能保证它的生存和优美姿态。

盆景艺术的自然美包括三个方面：一是素材美；二是技艺美；三是布局美。

中国树石盆景的造型并不是机械地模仿一草一木，一山一水，而是将大自然的山水树木景色进行高度地概括和提炼，并进行艺术的加工，在师承画理、深入造化的基础上，使组成盆景的各物在形态、气势、情趣、色彩等方面相互协调一致，主宾相从，虚实相宜，动静结合，刚柔相济，藏露得法，顾盼有情。从而达到气韵生动、神形兼备、情景交融的诗画境界和凝聚大自然景色的艺术境界。树石盆景从它出生那天起，就已经赋予其多元化的艺术生命的载体灵魂。

它的举手投足间，蕴藏着书法的线姿。书法艺术之美是由点到线的开始，又由点到线的结束。加之纸墨笔砚等书法工具的巧妙运用，特别是柔软而富有弹性的毛笔，经过书法家酝酿构思，匠心独具；这一切恰恰为盆景创作者带来了创作的灵感。创作者将自己的所思所想结合诗情画意融入盆景的创作之中，充分借助树木与山石等物质材料，在盆中创造出如画一般的构图，体现诗

一般的意境，能令观者心旷神怡。

（二）树石盆景的审美标准

为了使初学者更容易了解树石盆景美的根源，我将多年创作心得进行总结，以提高初学者的欣赏能力。我认为一件好的树石盆景作品的审美观点在构图上应具备以下六美标准。

1. 题材美

言为心声，书为心画。一件好的盆景题材作品，要使人观赏之后，能深刻感觉到创作者巧妙构思意图，形象鲜明，韵律严谨，章法有度，气势磅礴，在思想上能够获得艺术美的享受。

2. 布白美

一张白纸看上去没有什么美可言，然而经过书法家的精心构思酝酿设计，在那张白纸上创作出一幅书法艺术作品来，这就是布白美。水墨画的留白，使画面虚实相生，惜墨如金，计白当黑，寥寥数笔丹青，于方寸之地勾勒天地，于无画处凝眸成妙境。一件好的树石盆景作品，同样是盆景创作者对树与石及摆件所进行的线条的安排，长短、轻重、疏密都有考究，做到该疏则疏，该密则密，疏能走马，密不透风，树与石，石与苔之间

的联系，处理得当，以白计黑，产生黑白对比。盆景的布白，可以充分体现创作者胸中的丘壑，看出作品境界的高下，给观者自然之美的感觉。

3.线条美

树石盆景的制作，是树与石的亲密组合，从观赏者视觉的角度看，必须注重组景整体线条的变化，从而才能产生流畅生动的优美效果，盆景创作者的整体作品勾画出的点画线条中蕴藏着无限的玄妙之机，树石盆景在组合过程当中一定要注重线条的长短、弯曲的变化，要多研究中国书法的抑扬顿挫。使组景的点线面的线条流畅，一气呵成，使表达愉快畅达。通过这种线条的组合，使盆景在形体上富有了生命的力量，同时也突出了创作者的胸怀、气质和情感。

4.章法美

一件好的树石盆景作品，要有主题及情景的衬托，整体造型首尾呼应，气韵流通，起伏随姿，虚实巧布，离情寄景，一气呵成，天然成趣，法不越于理，妙不超乎真，让观者陶醉神往。

5.韵律美

树石盆景的创作更是无声的诗的具体呈现，树石的结合，空间的层次的安排，会使观赏者仿佛听到一曲节奏动听的音乐，又仿佛见到一场旋律优美的舞姿，这种感觉的产生，就是盆景创作者巧妙运用组景过程中的点线的轻重、长短、顿挫、粗细、浓淡、疏密、大小等盆景技艺手段所表现出来的韵律美、节奏美。

6.意境美

盆景的创作过程，就是创作者充分使用技法来塑造意境，传递感情。孙过庭《书谱》云：达其情性，形其哀乐，意境即意中之境，带有很强的主观色彩，树石盆景中的意境之意，即体现盆景创作人的制作过程中的心境，是对盆景观赏者通过其作品的形式表现力的感染。因此，在方尺盆间，如何使你的作品能与众不同，重点应当放在意境上。好的盆景作品为什么能使观者赏心悦目，就是你传递出不同的情感和意境，通过你的手将树与石进行点线面的排列组合的变化，所产生的意向引发观者的想象，是从意向组合产生意境的一个艺术感染的过程。但凡艺术都是以其独特之形式为基础，塑造形象，创造意境来感染观赏者的。

（三）树石盆景创作的空间思维理论

盆景是具有三度空间的立体构成物，其空间境界，是主体审美心理和具形空间以流动的韵律和节奏合构而成的。

盆景艺术家们将所要表达的情感、意念归结为将各类形状和各种特质的石材、树材及其他构体，按照自己的构思加以组合、修剪、定型，置陈布势，形成完整组合景观，表达出一种力量和精神情感。通过这种情与物之间的关系的组合景物，人们的内心世界与盆中景物交融，山草、树石等也被赋予中国韵味。所以，盆景中的景观空间，是具有中国韵味的感性显示。

盆景中所展现的空间是流动的、节奏化的。这节奏、这流动来自我们古老的美学观、宇宙观。道生万物，万物又生于阴阳所积生生不息的道中。古人说：反者，道之动也。正是阴阳之气的不断运动，才组成了生命的节奏流动，古往今来，无论是诗品或画品，无不以"气韵生动"为第一品标准。所以，我们创作或欣赏盆景时，强调的是气韵对盆景物象空间的统率作用，目光流动飘逸在山水间，把握的是全景的高低起伏，蜿蜒曲折的影像线（轮廓线）和凹进突出的节奏和韵律感。把丰富的情感和气韵，结合和诗歌这样的时间艺术节奏，来统率空间艺术，这样一切都被赋予了流动的感觉，使盆景作品的景物空间有了节奏，所以盆景虽是立体的造型景物，却如国画一样，产生了线的流动，盆景因此又被称为立体的画、无声的诗，这实际上是一种音乐的境界，是有情、有思的心灵空间和时间艺术的创合物，盆景景观中所显示的那种淡泊空灵的宇宙意识，不仅是具有体积感的宇，而且是具有音乐诗味、流动的宙，虽以

天为庐，却以逍遥神游为本，静中求动，这就是盆景的空间境界。

普天之下的任何一件艺术作品，要想得到世人的认可，必须要有其丰富的文化内涵，无论诗或文，书与画，第一要做到通。所谓通，就是通达，我的意思能够通达到你，你的意思能够通达到我，这才叫作通。我一向主张先要明白清楚，你能做到明白清楚之后，你的意思才能通达到别人。第二叫力量，你能把你的意思通达到别人，别人受了你的感染，这才叫力量。树石盆景创作的最高境界就是能够生发力量，这即为树石盆景的美。

为什么要强调树石盆景的空间问题，我几十年的创作经历及实践证明，创作者不懂空间，就很难做好布局，不知布局的方法就不可能将普通的树石组合成立体的画卷。

（四）树石盆景布局的四性问题

1.比例性

我们创作的过程一定要多研究中国山水画的散点透视的精髓，比例关系就是透视关系，唐代王维曾在山水论中提出处理透视关联的方法：丈山尺树，寸马分人，远人无目，远树无枝，远山无石，隐隐如眉，无水无波，高与云齐。要学会使用画论的方法来布局我们的作

品，才能起到事半功倍的效果。

2. 多变性

一件好的树石盆景作品要注重布局的多变性，郑板桥总结画竹所说的三个过程：自然实景是眼中之竹，艺术构思是胸中之竹，艺术创作是笔下之竹。只有顺于自然，融入人情的作品才能达到贺涂荪大师所说的依自然之天趣，创自然之情趣，又还自然之天趣的美的境界。

3. 诗意性

我们所创作的树石盆景，由于其本身构图的丰富性，只要在盆景的静态画面中融入时间艺术的韵律感，则静态的景观也被赋予了动感的节奏。想要使你创作的盆景的艺术性着力去突破有限的盆景空间而呈现出无限的遐想，就必须融合诗意与意境，才能使盆景的画面有飞动空灵之感。作为一名盆景创作者，要重视日常诗词的学习与领悟，善于将诗的语言艺术与盆景的视觉艺术相互结合，通过盆景空间艺术的结构性的起承转合的变化，来达到情韵悠长的诗情画意的效果。

4. 三维性

树石盆景的创作过程必须要注重其立体的效果，因为其自身的完美性，如果用创作树桩一样的方法去创作是完全不对的，必须注重每一景色存在的三维性，要做到意而无一定意，意随景生，有法而无一定法，景随意臻的过程，使整个景观呈现出一步一景、步移景迁、步步成景的立体画面效果。只有这样你所创作的作品才能让人感到如入幽苑芳丛，或林深气清，或春日水滨，或烟波湖上，或流水孤树，或清溪饮马，随手点缀，皆成佳境。

（五）树石盆景的分类

按树种分：松柏树石、杂木树石、花果树石。

按自然环境分：岛屿式、溪涧式、湖畔式、风动式、石上式。

（六）树石盆景的制作步骤

树石盆景是由树木盆景与山石盆景结合而成，其选材的基本要求与该两类盆景大致相同，但也具有一些特别之处。

树石盆景的材料主要包括植物、石头、盆、摆件和土。

1. 植物的选择

木本植物是树石盆景中的主景，它的选择至关重要，其树种一般具有叶细小、耐修剪、易造型及观赏价值高等特点，通常采用以下树种。

松柏类　五针松、黑松、赤松、马尾松、地柏、刺柏、真柏、线柏、云杉、水杉、落羽杉、金钱松、小叶罗汉松、紫杉等。

杂木类　九里香、福建茶、榔榆、榉树、小叶女贞、黄杨、雀梅、朴树、榕树等。

观叶类　三角枫、红枫、鸡爪槭、银杏、柽柳、凤尾竹等。

观花类　六月雪、贴梗海棠、杜鹃、紫薇、梅花等。

观果类　老鸦柿、石榴、金弹子、火棘等。

以我多年创作树石盆景的经验来看，由于树石盆景创作空间的有限，而创作意境的无限，在树木材料的取材方面要重视以下几点：

①树木材料主要应以自幼培养为主，对于山野采掘的桩材，也同样需要多年细心加工整型，要重视小中见大，保证枝干过渡自然。

②要注意选材的苍老感，如果制作者感觉培养时间较长，可以使用高压的方法进行培育，以缩短培养树材的时间。

同时，可针对性地加强对树材苍老感的培养，如树干底部的撕裂，对树干的呆板状态进行剥皮及撞击等，模仿大自然的方法进行有效的加工。

③注意培养过程中一定要遵循树木生长的自然之势，不断观察树木的生长习性，然后再进行必要的取舍，在整姿的过程中应因势利导，以剪为主，蟠扎为辅，尽最大的可能学习自然，减少人工的味道，剪出自然的形态。

④树石盆景的树木布景的丛林思想不要变，既然最终的树形以丛林式呈现，选树要注意整体风格的统一。每株树的特点不宜太明显，要注意组合过程中直干树木与斜干树木的搭配，才能达到富于自然意境的神奇效果，同时应注意同一盆中树林应以一个树种为主，其他树种为辅，要注意主次高低、粗细的变化，这也就要求我们要在日常培育细节上下好功夫。

⑤松柏要注重日常的保形，杂木、花果注意培养过程的脱衣换锦和秋收果累的季节性养护。这都是日常的准备工作，不能有任何的懈怠。

⑥树石盆景除树木以外也应注重小草、翠竹、苔藓、绿植的日常收集与养护，通过对多种类植被的巧妙运用，才能使组景达到自然野趣的意境。

2.石料材质的选择

（1）常用石料类型

石料的选择。要选出形态、质地和色泽都合乎创作立意的材料，要尽可能因材施用，保持石料的天然特点。

树石盆景用的石头材料，一般以硬质石料为多，最好具有理想的天然形态与皱纹，同时色泽柔和、石感较强。常用的有以下几种。

龟纹石 属于硬质石料，多呈不圆不方的块状，表面有类似龟甲的自然纹理。色彩有灰黄、灰黑、淡红及白色等多种。稍能吸水，并能局部生长苔藓，还可以作小范围的雕琢及打磨加工。龟纹石的形态与色泽古朴、自然，石感强，富有画意，是制作树石盆景的常用石种。

龟纹石主要产于四川、安徽、山东等地。不同地区所产的龟纹石在质地、色彩上亦有所差异。

英德石 质地较坚硬，大多体态嶙峋，皱纹丰富而富有变化；少数形体较圆浑，皱纹亦较平淡。色彩多为灰黑色或浅灰色，偶间有白色石筋。基本上不吸水，不宜雕琢。

英德石的石感很强，是中国传统的观赏石之一，也是制作树石盆景的常用石种。英德石主要产于广东。

卵石 质地十分坚硬，大多为卵状，也有呈不规则形状，但均圆浑光滑，皱纹少且平淡。色彩有黑、白、灰、绿及浅褐等多种。不吸水，不可雕琢。

卵石的石感特强，坚固耐久。在树石盆景中，多选用那种形体有变化、皱纹较丰富的材料，切截其适合的部分，可以拼制成很自然的坡岸。

卵石的产地很多，一般在山涧溪口、水岸边或砂矿中。

石笋石 质地较坚硬，一般呈条状笋形，石中夹有灰白色的石，如同白果大小，色彩有青灰、紫等数种。不吸水，可作敲击加工。一般横切其"笋头"，来拼接树石盆景的坡岸，较为自然。

青灰色的石笋石用于表现春景极为适宜。

石笋石主要产于浙江。

灵璧石 又称磬石。色灰黑、浅灰、白等，属石灰岩，石质坚硬，叩击音脆如金属声，灵璧石中的佳品外形自然变化，中间多有洞孔，制作树石盆景可选用小型石料据截断面使用。产于安徽灵璧县磐山附近。

除了上面介绍的几个石种以外，在树石盆景中尚有许多石种可采用。如斧劈石、太湖石、千层石、奇石、雪花石、砂片石、钟乳石、树化石等硬质石料。

另外，软质石料中的砂积石、芦管石等松质石料，便于加工造型，可塑性大，可随意加工成造景需要的多种山形，易生苔藓，适宜表现土坡、山脚，故有时也会用到。

（2）石料的选择

一件好的树石盆景作品，要重视石材的平时的收集与采集，通过石头高低与凹凸不平的表面，可以更有效地呈现出距离感与空间感。挑选石头时，要挑选有凹洞与裂纹的石头，最好具有理想的天然形态的皱纹，注重色泽柔和，石感个性。

石料的石感必须突出 石头在树石盆景中的使用，

注意与树木刚柔的对比，树石盆景以树为主，以石为辅。但是石头的坚硬度还是很重要的，要清楚因为石头的衬托才使整个作品体现出自然中的刚强，因此在选石时，应以硬石为主，而硬石要注意棱角的突出、石纹的走向，要选择变化表现硬的石头，才能有效地突出石感。

精选石形　树在幼培，石在精选。树石盆景的石料一般多用作山脚、坡岸及布点，不是用来表现整座的山形，因此如何以小见大，必须注重日常的选石要精挑细选，注重石头的形态符合创作过程的特点及位置，区别山与石的不同，同样是石头，由于最终的表现形态不同，就不能突出山的峰、岗、壑。它只表达山形构成的一部分，仅仅是山的一角，因此选石时重点在石的天然形状与皴纹上多下功夫，只有这样才能在组景时化腐朽为神奇，变平淡为高雅，使观者眼前一亮，起到画龙点睛的作用。

组石一致　树石盆景在石料组景时，要对所选石头的质地、形状、色泽、皴纹、走向等进行细致的观察，要在掌握统一的基础上保持凹凸的变化、方圆形状的组合、纹理的疏密有致，特别要注意组景石料的虚与实，

深与浅，大与小的运用，使石与盆形成有机的组合。

3.盆

盆景，顾名思义就是盆中之景。有景必有盆，景是表现盆中的艺术主题，而盆是为更好地突出景的衬托。珍奇的树材、秀美的山石、若无佳盆匹配，必然黯然失色。

对于盆景的用盆，早在明代，已极为注重，由于我国古代陶瓷工业发达，因而出现了不少制盆专家，所造的紫砂盆、铁砂盆，具有造型古朴、色彩素雅、工艺精湛、款式优良、质地细腻、坚固耐用的特点。

树石盆景大多采用浅口的水盆（一般用山水盆景盆，在作旱地的位置钻一两个排水孔），以突出盆中的景物，特别是表现坡脚之美，使作品更富有画意。

常用水盆的形状有长方形、椭圆形及不规则的自然形。盆的质地以大理石、汉白玉等为好，釉陶盆和紫砂盆亦可。盆的色彩多为白色或其他浅色。

采用自然石板稍作加工而成的水盆，形状不规则而富于变化，用作树石盆景也很好。这种盆虽无盆口，不可贮水，但可作出树石水旱的变化。

自然云石盆

汉白玉山水盆

异形紫砂盆

异形紫砂盆

挂釉山水盆

树木盆景紫砂盆

树木盆景紫砂盆

汉白玉山水盆

4.摆件点缀

树石盆景整个制作中，恰当地点缀一些小配件，可以深化意境，点明主题思想，起到画龙点睛的作用。树石盆景点缀配件很多，建筑类的有阁、亭、榭、塔、桥；人物的有渔、樵、耕、书、农、牧童等；交通工具类有车、船、竹筏等及动物类。配件的材料有陶质、瓷质、石质、水泥、金属。陶质配件一般为广东石湾制最好，瓷质一般泉州、宜兴制不错。配件点缀要因景制宜，以少胜多，各种摆件点缀的位置，由景象环境而定，一般注意几点，亭子放腰间，榭宜临水际，茅屋要深隐，风帆偏水侧。人物的点缀身份要与环境相适应，如荷锄农夫立田间、负网渔夫溪畔站、马行途、牛在坡等。要不断地总结组景与配件点缀的关系，小配件配置土面时，应用松香粘上小钉，锤入土中固定，它们虽然体量很小，但常常起着重要的作用，不可忽视。

5.用土的方式

树石盆景中，土不仅具有储存、供应水分与养分，维持植物生长的作用，同时也是塑造景物的材料。盆中

常见摆件

地形的高低起伏，主要就是通过土来塑造的。

树石盆景的用土，与一般树木盆景用土的要求大体相同，须根据不同树种的习性而配置。但它必须既能满足植物生长的需要，又便于塑造地形，并保持地形的相对稳定。因此，除了具有良好的通气、排水、保水性能以外，最好稍微具有黏性。在不同地区制作树石盆景时，可以就地取材，自己配制。

（七）树石盆景的制作程序

主要包括立意主题、初试布局、摘叶修根、植物定型、布石取势、胶石栽树、势型调整、处理地形、安置摆件、铺种苔藓、审视整理。

1.立意主题

树石盆景的制作第一步立意在先，立意就是你要创作的作品的主题，想表达什么内容，以什么题材来进行创作。可以借鉴画论所讲的立意在先，以准备的素材为依据，突出诗的意境，使用画的构图方法。方案一旦确立，就要贯穿选材加工布局的整个过程，同时要围绕这一主题进行。创作过程中不断思考、改进、完善。最后将准备好的主材、辅材、盆体、摆件聚集在一起，深思宁静，审材度势，开始着手对素材进行创作。

2.初试布局

立意有了之后，开始对树体的布局进行初试，确定主树、配树的位置，观察主树、配树组景后的矛盾，为下一步的修剪、整姿、造型作准备。树初摆后，再将石头、摆件与树组景，在整个布局与立意达到相对一致以后，还要就整体布局进行反复调整，初试布局的目的就是将立意立体形象化，使无形之思变成有型之景，确立整个画面的主辅关系，为整个盆景作品的散点透视效果确立一个核心。

3.摘叶修根

盆景的树植材料大多是日常收集养护时间很长的树种，基本上已经定过型，经过初次的布局，心中就会有个基本的需求，这时的整姿更主要是审视所需树形的根、干、枝与立意的思想结果的统一。要注意树木根爪的走向及其正面的确立，同时对树材的整体树形进行一次初步的修剪，剪掉与整体立意构图不一致的枝干，使树形进一步美观。这一步主要是将养护的树材进行脱盆、退土、修根。

4.植物定型

经过前期的准备，初试布局后，开始将主树、辅树在预先定好的位置进行定植。定植的步骤。

①在选好的平盆进行布点定位，在盆底需要定植的位置铺一层底土；

②对准备上盆的树材进行清枝叶，剪掉多余枝条，包括交叉枝、对生枝、上扬枝、轮生枝等影响美观的枝条；

③然后将准备好的树材进行退土，去掉其一半左右的原土，同时修剪底部的老根；

④树材上盆前，需要在石盆底部先放置一些专用土；

⑤主景树的摆放一般在盆面的 1/3 处，同时放置好配树，要谨记配树必须与主树协调一致，不可主次不分，喧宾夺主；

⑥主树、辅树定植到位后，从四个面认真审视整体的协调性、统一性。

5. 布石取势

配置石头时，先作坡岸，以分开水面与旱地，然后作旱地点石，最后再作水面点石。在尊重自然的基础上注意以下几方面：

①水岸线的处理十分重要，既要曲折多变，从正面见到的又不宜太长；

②石头的布局须注意透视处理。从总体看，一般近处较高，远处较低，但也须有高低起伏以及大块面与小块面的搭配，才能显出自然与生动；

③旱地点石对地形处理起到重要作用，有时还可以弥补某些树木的根部缺陷，要做到与坡岸相呼应，与树木相衬托，与土面结合自然；水面点石可使得水面增加变化，要注意大小相间，聚散得当。

6. 胶石栽树

树石盆景在经过初试、布局两个过程后，即可着手进行石头的胶合，将分隔水面和岸面的石头胶合固定在盆中，再将盆土盛入盆中，把树木种植在盆中，并固定好树木的种植位置。

胶合石头一定要注意以下几点：

①按照布局要求切割的石头，必须清洗干净。

②胶合石头时要选用高标号水泥，用水调和均匀后涂抹石面底部使用，为了增强胶合强度，可以在水泥中加入掺和剂 107 胶水。

③水泥使用时，为保持与选用的石料颜色一致，避免出现不一样的色差，可以在调拌水泥时加入各种深浅的水溶性颜料，以确保水泥的颜色与石料的颜色相统一。

水泥干透后开始种植树木，应注意以下几方面：

①栽种树木前必须把树木根系作适当的整理，特别是向下生长的根，更应将其剪断。

②栽种前铺一层浅薄土，有排水口的垫好塑料纱网，以免漏土。

③树木栽种于预先确定的盆中位置后，将事先准备好的土填充进树木根部的间隙中，同时用细竹筷于根部按实。

④认真观察树形态势，是否与自己当初设想的一致，如果不一致要及时调整位置。特别注意主次、疏密、空间的呼应。

⑤确定无误后，将剩余盆土全部填入植被中，使用喷雾器对表层盆土喷水，但不可喷透，能够固定表层土面即可。

⑥胶合石头须紧密，不仅要将石头与盆面结合好，还要将石头之间结合好，做到既不漏水，又无多余的水泥外露。可用毛笔或小刷子蘸水刷净沾在石头外面的水泥。

⑦为了防止水面与旱地之间漏水，把作坡岸的石头全部胶合好以后，再仔细地检查一遍，如发现漏洞，应立即补上，以免水漏进旱地，影响植物的生长，同时也影响水面的观赏效果。

⑧如采用松质石料作坡岸，可在近土的一面抹满厚厚的一层水泥，以免水渗透。

7.势型调整

完成以上6个步骤后，接下来是对整个作品进行精雕细整阶段。要认真观察主树、辅树、衬树成景的姿态变化，重视树势的对应变化，枝条的疏密得当，重叠的要进行修剪。对树木整体枝条的走势变化，一定要做到疏中求密，密处有疏，倘若密处无疏可求，则少空灵之味，必然臃肿堵塞，缺少生机而显呆板。特别是组合成丛林的树木布景，一定要注意树木的大小、粗细、高矮的问题，布局要掌握好前后错落穿插，互相遮挡掩映，使树时隐时现，有露有藏，丛林可使用前后两树相重叠，从视觉上体现粗壮、高大及伟岸。单树可以充分利用干、枝、叶的穿插变化，使主干前有前遮枝，后有后托枝，枝与枝、叶与叶、片与片的上下左右要呈现出错落、协调及藏漏。调整的过程其实就是处理整体空间疏密的过程，疏处无密可求，一味求疏，则景物过于空洞，毫无蓄涵，必然没有意境。石头布局要以全局为主线，调整到位，使其在成景后有高有低，大小相间，错落有致，有连有散，使岸线的曲折变化密疏得当。成景后的景深的变化能使观者感受到视觉的冲击之力。

8.处理地形

在树石盆景中，其中一项显著的特点就是，整个盆景的盆面都会有大小山石的相配，我们可以称其为点石。盆面的地形不仅是土的起伏，而要重视点石的摆放，使土中有石，才能使地形有生气，刚与柔才有变化，因此地形处理对于整体树石盆景的造型起到重要的作用。

在石头胶合完毕后，便可在旱地部分继续填土，使坡岸石与土面浑然一体，并通过堆土和点石作出有起有伏的地形。

点石的摆放，应注意下部不可悬出土面，应埋在土中，做到"有根"。要与土面紧密结合，才能在视觉上给观者有石的稳固生根之感。

处理好地形以后，在土表面撒上一层细碎装饰土，以利于铺种苔藓和小草。

9.安放摆件

摆件在树石盆景中的作用也是不容忽视的，其安放要合乎情理。只有这样才能更好地点明主题，使观赏者通过它来发挥无穷的想象。安放舟楫和拱桥一类的摆件，可直接固定在盆面上；安放亭、台、房屋、人物、动物类摆件，宜固定在石坡或旱地部分的点石上；有时在旱地部分埋进平板状石块，用以固定摆件。

固定摆件，一般可胶合在石头或盆面上。对于舟、桥一类摆件，可不与盆面胶合，仅在供观赏时放在盆面上。

10.铺种苔藓

苔藓是树石盆景中不可缺少的一个部分，它可以保持水土、丰富色彩，将树、石、土三者联结为一体，还可以表现草地或灌木丛。

苔藓多生在阴湿处，可用小铲挖取。在铺种前必须去杂，细心地将杂草连根去除。

为了使苔藓与土紧密地结合在一起，铺种前，可先用喷雾器将土面喷湿，再将苔藓撕成小块，细心地铺上

去。最好在每小块苔藓之间留下一点间距，不要全部铺满，更不可重叠。苔藓与树木根部结合处不可铺满，应呈交错状，与石头结合处不宜呈直线。全部铺种完毕后，可用喷雾器再次喷水，不宜喷多。同时用专用工具或手轻轻地揿几下，使苔藓与土面结合紧密，与盆边结合干净利落。

11.审视整理

通过以上10个步骤后，作品的整个制作过程全部完成，但是由于从立意到布局然后到成景的整个过程，是不可能与创作者最初的立意意境完全一致的，这时就要对创作的作品进行审视，查找作品的不足之处，然后进行修改。为了使盆景爱好者更好地掌握方法，我总结出了三审、三整制作方法。

三审：审立意，审结构，审疏漏。

三整：整协调，整盆面，整藏漏。

首先看一下总体效果，实景是否与立意主题相符合，注重整体结构和位置，郭熙论画曾讲到，要可以观、可以游、可以居，这样的山水林泉才算够条件。要注重整体效果的空灵之感，并不是多就是好，要注重化繁为简。其次是检查有无疏漏之处，如有则作一些弥补。然后将树木做一次全面、细致的修剪和调整，尽可能处理好树与树、树与石之间的关系。

最后将树木枝干、石头及盆，全部洗刷干净，再将

盆土中的杂叶废物拣清，并全面喷一次雾水。这样一件树石盆景作品便初步完成。

经过1～2年养护管理，作品会更加完善和自然。

（八）树石盆景作品解读

1.《苍林远岫图》创作解读

盆景艺术是中华传统文化中的一支瑰宝，随着人民群众生活水平的提高和对艺术追求的需求，盆景艺术日益走进千家万户。由于对自然环境保护意识的提高和山间老桩的日益减少，积极地运用自培苗木的创作作品得到大多数盆景爱好者的认可和支持。

期间我手中恰好有几株培养数年的真柏苗木，便萌生了创作一幅作品的意愿。盆景缘于大自然，师从传统中国国画艺术。中国盆景与国外盆栽的不同点在于，它以大自然为范本，师法造化更要融入自己的思想情感，融自然与思想于一体，这就是大师们所说的"外师造化中得心源"。创作一幅无声的诗、立体的画、有生命的文化载体，再现祖国的大好河山，只是我的一个心愿。

已故大师贺淦荪谈到盆景的创作时说道"立意在先，以题选材，按意布景，型随意动，景随情出，以形传神"。

有了良好的立意接下来就是构图与布局，不但包括制作前的思考、分析研究推敲等一系列的思维活动，还要对树木的布置、山石搭配以及各种材料的应用做出精确的计划和各种工具的准备工作。所有的一切准备好之后才能表达出你追求的效果意境。清代名画家笪重光说"得势则随意经营，一隅皆是。失势则尽心收拾，满幅

选取龟纹石作为石材

培养多年的5棵真柏素材

对已选取的真柏进行修根及初步整型

选用1.3m长的白色大理石浅盆，按照黄金分割点的标准，确定主树的位置

考虑到主树的粗度不够，在其后侧加栽一棵比其略小的双干树，以增加主树的气势

主树定位后，辅树要与主树形成呼应，相辅相成

修剪辅树，造型上与主树趋于一致，使主树和辅树之间
错落有致

布石时，要注意随坡取势，主次分明，高低变化明显

对景物进行整体布石，使树与石达到有效的结合

石的布置一定要凹凸有致，脉络分明，注重

整型、调势、清理、铺苔后作品全貌

都非"，可见构图的重要性。

　　我所用的大理石盆盆长1.3m，经过深思熟虑决定主树置位于盆中0.618m处，因为这是公认的黄金分割点。由于是人工栽培的苗木，主树的粗度不够，就在其后侧加栽一棵比其略小的双干树，这样既增加了主树的气势，丰富了画面，又突出了视觉效果。对于树木的选择，不仅要关注其形势的共性特征，更重要的是发现各自不同的特点，根据它的粗细、高低、曲直、疏密的不同，挖掘其最能表现整体特征的长处。求得对整体的和谐统一。

主树的位置确定以后，中心稍微向右侧倾斜，以缓解左右视觉的效果，益于整体的平衡，辅树紧随其后，相辅相成。在制作过程中不能过分模仿大自然，而是在构思上着眼艺术，提炼取舍，运用各种艺术、技术手法，来塑造心中的世界，但不能过于理想化，一味追求画面效果，脱离实际太远，反而会弄巧成拙。在树枝的起伏跌宕、疏密伸展以及自然形成和内在的神韵等制作中，把其中微妙的差异予以充分表现。

右边的从树，原来比较丰满高大，与主材不成比例，破坏了整体的协调性，于是配合主树重新进行了修剪、整理，在风格上、造型上与主树趋于一致，左边侧枝向左延伸，与主树完美结合，实现了衔接，主树和从树之间有遮有掩，有争有让，高低起伏，错落有致，舒缓自然，在浓郁之中又展现了柏树主干的沧桑柔美的风采。繁茂之处浓墨重彩，疏朗之间留白空灵，给人以无限的遐想。真柏的特征在此得到了充分的展示。

石头选用龟纹石，它的纹理丰富，曲线优美，造型生动，更接近山水画中石头的特征。盆中配石的制作，不是随意的堆砌，任意的铺掩。它是树和石的交相呼应，互为映衬，为体现整体的意境和视觉效果而有机结合。正如赵庆泉大师所说"不是简单地用石头把栽好的树围成盆，更不是用石头围成盆来栽树"。在具体的制作中仅仅是实质相同不行，还要色泽相近，每块石头

之间要纹理一致，脉络相通，石头的大小、薄厚、宽窄等都要随着地势的起伏，与之形成统一的结合体。根据需要，依照每块石头的特点，调整石头之间的参差错落，交叠变化。既无规则，也无模式，唯能所见的是自身轨迹和形态的变化，彰显浓厚的自然气息。林中小溪的设计力求自然，两岸山石凹凸有致、曲折蜿蜒，特意将小溪源头隐掩于树石身后，源远流长，潺潺的流水引领着观者的视觉，穿林而入向后游走，进一步延伸空间，扩展想象。

盆前的宽阔之处，豁然开朗，小溪中点缀的大小石头自然随性，凸显了流水的灵动，仿佛能听到涓涓流水声，平添了一份活力。树石相映，石因树而活，树因石而灵，一柔一刚，一虚一实，石主静，树主动，动静有序，虚实结合，巧妙地运用了中国绘画的意蕴和自然景物的结合。立意造景，写意传神，融自然景致于咫尺之间，小中见大，寓情于景，读物生情，浮想天外。

整个作品的制作过程，是自己学习实践的一个好机会，作品虽然完成了，但也有很多的缺陷和遗憾，在制作技术和手法上还有待进一步学习提高。还请大家多多指教。

2.《金戈铁马》创作解读

树石盆景是我一直坚持的创作方向，因为树石盆景更需要参透自然的规律和意境，使创作者充分利用移山缩水

的艺术手法，从而达到"咫尺之内而瞻万里之遥，方寸之中乃辨千里之峻"的自然景观效果。

此作品主材为小叶朴树，一本多干，培养十年以上，辅材是英德龟纹石，现植于150cm的椭圆形大理石浅平盆。该朴树为10年前在福建购得。此桩为半成品素材，刚购买回来时，整个树桩十分凌乱，杂枝较多，配干不协调，但是有一个最突出的优点，就是动感气势强烈，原来根爪埋入土中，把土层扒开后，根脉苍古，根爪抓地有力，大气磅礴，是一棵具有可塑性的好素材。

此桩带回院子后，将其植入大型泥盆中进行全面放养，从尊重素材本身的特点优势出发，逐步地培强修枝去杂，随着不断地放养，修剪去一些无用的小枝，积极结合树木在自然之中的生长规律，全面进行因材施艺。

创作解析

创作一件好的作品，最重要的问题是立意在先，结合自然鬼斧神工后的各异形态，突出素材自身最大的生存优势，经过认真的审时度势，认为本素材的气势与根爪的优点是不能破坏的，所以加强了对主干的培养及修剪，对枝干进行了整姿，去繁化简，使其达到与主干的相映协调。操作的方式，先将多余的寄生小树，结合树势整体进行减除，去多留少。专注对主干的培养，配干的变化要认真配合，与主干的走势相一致，而不能超越主干的树势方向。

经过近4年的放养，主干、辅干基本成型，结合树势的形状变化与走势，通过不断地观察，联想到古战场上的马踏连营的征战场面。无意间吟诵起宋代词人辛弃疾的《永遇乐·京口北固亭怀古》，"想当年，金戈铁马，气吞万里如虎……"，我仿佛已经听到万马奔腾，马蹄与嘶鸣之声交织在一起。这不正是一种为实现中国梦而去奋斗的精神吗？

作品《金戈铁马》的主题就这样诞生了。有了主题，接下来就开始了创作。围绕主题，我在思考，树桩盆景一般的做法主要是以树修形，往往与主题牵强附会，如何更好地表达这种万马奔腾的壮观场面呢？如何更好地去渲染作品本身的意境？我陷入深思之中。经过一段时间的思考，我觉得可以与树石盆景相结合，使创作的空间更广阔，同时添加了石的元素，更加突出力量感。

确定了主题，作品的灵魂就产生了，下一步就是对辅材的选择与搭配，布什么景、不布什么景，组织盆景的构图，以达到既简洁明快又能充分表现主题的目的，接下来开始对树材进行取舍，整个过程尽可能化繁为简，避免画蛇添足、削弱主题的内涵。

由于其树桩相对坐，盆空间较大，并且树势向前较强烈，在布景时便打破了一般树石盆景创作的开合的布局，采用树石盆景中布石的特点，突出整幅作品刚强有力的特点，选择纹理深邃、厚重并棱角分明的龟纹石作为主石。考虑树势前倾的特点，在树桩的尾部添加了一块向上突起的石头，使作品的总体重心保持平衡。同时为了使整幅作品的景深效果明显，在树桩的下后方添加了一块带有山峰形状的石头，表现出远方的山峰连绵，使整幅作品更加显得高大与伟岸，彰显出英雄仗剑、铁骑出征、永保河山的气概。

在树桩的整体创作上，因为选材是一本多干，这种树桩的特点根干自身紧凑，苍古自然，所以在造型上，必须因材造型，干数只能减少不能增加，因此干与干的去留一定要考虑周全，尽可能地通过五面统筹去思考（即前、后、左、右、俯五面），使桩材自身的苍古自

然、鬼斧神工的韵味不减。因此考虑到丛林的干参差不齐，我对枝干进行了修剪与调整，采用了欲左先右的调整枝干方法，以达到作品的动感要求。

为了使广大的盆景爱好者更加详细地了解并学习到制作方法，现将制作过程记录如下。

树材：一棵培养多年的一本多干的小叶朴树。

盆器：150cm的大理石浅盆钻口，其目的是保证植物的透水透气。

石头：英德龟纹石。

盆土：赤玉土与桐生砂配合一起，比例1：1进行混合。

苔藓：日常养植的苔藓。

一棵培养多年的一本多干的小叶朴树

去掉素材的大部分原土，然后将素材的根部去薄为上浅盆做好准备

上盆前剪掉素材的老根

将初步处理好的素材摆入盆中，观察所处盆中的位置

位置确定好后，盆的底部放入适当的赤玉土

加石头，找好角度，并在石头上画好线，准备切割

将画好线的石头，对准线使用切割机进行切割，要保障平整

一边切割一边摆放，随时根据创作要求进行调整

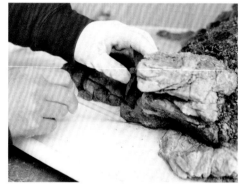

石头摆好后，使用铅笔对石头与盆面进行画线，便于黏合时不错位。保证作品的整体效果不变

画完线后，将石头的切割面与盆体的黏合面清理干净，以便黏合后更加牢固

调配1：1的沙子和水泥对石切面与盆面进行黏合

黏合完毕后，调整树势，盆土的起伏面到位后开始铺苔藓。整个作品制作完成后的效果

天津地区盆景养护管理心得

为什么我要拿出一个章节专门介绍盆景养护方面的知识？众所周知，造型优美的盆景是可以作为艺术品收藏并流传的，但问题来了，盆景和金石玉器、书画雕塑等艺术品不同，盆景是活的生命体，如何保持几年，几十年，几百年的生命延续？因此，盆景的日常养护就显得极其重要，一个技艺高超的盆景师不仅体现在树木的造型、修剪上，更体现在盆景的日常养护上。

我们国家幅员辽阔，东西南北气候不尽相同，经纬度跨度较大，且植物素材品种繁多，具有极强的地域性，生物学特性不一。天津位于欧亚大陆东岸，四季分明，景色多姿，介于大陆性气候与海洋性气候的过渡带上，气候的主要特征是季风显著，温差较大。冬季多偏北风、寒冷干燥、降水少；夏季多东南风、高温、降水集中。树种的地域性差异，造成养护管理的不同，很多非北方树种要想达到养护要求，就必须创造出适合的环境，如罗汉松性耐阴，抗害虫能力强，但耐寒性却不好，在南方过冬不需要进棚，但在北方不进暖棚估计过不了冬。除了抗寒性，还要充分了解它的习性、生长动态和需求，土壤的酸碱度适中吗？水分、养分适宜吗？湿度适宜吗？病虫害的防治方法是否有效？只要将它的生长环境因素都考虑周全，盆景也就安心落户，生机盎然。

我从事盆景行业近40年，在北方尤其是天津地区，总结出一整套盆景养护经验，为了使北方的盆景爱好者在进入这一领域时少走弯路或者不走弯路，现以松树为例将经验介绍如下。

1.放置场所

松树盆景的最佳置场需满足以下3个条件：
①光照充足；
②通风良好；
③淋得到露水。

2.松树的越冬管理

天津的冬季温度低、风大、干燥、降水少。松树盆景室外越冬有可能产生冻害，所以需要进温室越冬，入室后一定要严格控制室内温度，最好在10℃以下，以促其休眠。

春季天气转暖时要加强通风，避免过早发芽，造成枝条徒长，在温室内放置时要经常转换角度，使其光照均匀。

入室时间大约在11月中旬，出室时间掌握在翌年3月中旬前后为宜。

3.肥水管理

放置于光照充足、通风良好之处的健康松树盆景，盆土易干，因此要及时查看盆土干湿状况，透水性好的盆土应根据实际情况掌握浇水次数。

生长季节多浇水（每天2～3次），并结合叶面喷水。

放置场所，宜园

日常管理

冬季浇水根据干湿情况，灵活掌握，但不可过湿。

松树盆景比较喜肥水，生长健康的松树，以薄肥勤施为主，每15天一次为佳。

树木缺水时通常有以下表现：

①树势弱，树相无精打采；

②松针软，缺乏张力；

③叶片变色；

④树枝局部枯萎。

虽勤浇水但仍出现以上情形，极有可能是盆土和树根的原因，需及早检查并处理。

4.松树的翻盆换土

健康的松树盆景喜水肥、喜光照，所以生长快，一般有3年时间树根就会满盆，盆土的透水性、透气性变

换土

差，极其伤树，所以松树盆景3年换一次土比较适宜。如此，即使老树也能常葆青春。翻盆换土时间以3月上旬到4月中旬为宜。

配土：赤玉土6成，桐生砂3成，木炭1成，或者河沙、山皮土、培养土各一份。

换土方法：首先用竹签将大部分底部及四周的旧土去除，把老根、腐根及徒长根切除，然后加入新土使其与树根紧密结合，并以金属丝将树木与盆钵固定，最后浇足定根水，放在温室阴凉通风处养护20天左右（勤喷叶水）即可正常养护。

5.病虫害防治

在盆景界使用石灰硫黄合剂预防病虫害已是常事，一般一年喷洒2次，第一次在2月下旬，第二次在12月上旬，30~40倍液既能预防病虫害的发生又可增强树势，请务必一试。

杀虫剂在每年的生长季节喷洒3~4次，可以有效防止病虫害的发生，另赤松及马尾松因其生理特性需要加倍使用杀虫及杀菌剂。

（一）黑松养护管理案例详解

为了使盆景爱好者更好地对树木养护的时间管理有明确的认识，并对各月份的管理有更好的量化的养护理念。下面我就以黑松的年间管理为例，给大家进行详细的讲解。

一月

黑松完全处于休眠期，可进行蟠扎、造型、疏枝、拔针作业。除极寒地区，一般都可在室外过冬。由于冬季季风极易使盆土干燥，天津地区的冬季养护一般都放在低温冷棚，冷棚过冷，要注意盆面1cm土壤的干湿，不宜浇水过大。

二月

一年中最寒冷的时节，也最宜进行蟠扎、造型、疏枝、拔针作业。同时根据自己所养植松树的年份进行翻土换盆工作。

三月

春暖花开，天津地区的气温开始回升，黑松冬芽开始萌动。此时正是室外换盆的最佳时期。换盆时对幼树的直立根要剪除，缠绕根进行矫正。

换盆时刀具不锋利和树根的过度干燥会对树造成伤害。换盆的时间尽量在3月下旬前全部完成。但是对换盆的松树，还要勤于观察松针的张力和针叶的颜色。换盆后25天后可以施肥，45天之后进行正常的养护管理。

2007年第一次制作

四月

开始施肥。黑松喜水肥，可以大水大肥。同时天津地区风比较大，必须对生长的周边环境进行喷淋，注意温度，增加湿度。注意光照管理，盆可每周转动一次，注意阴阳面的变化，以使松树受光均匀。

五月

冬芽已长长呈蜡烛状。树势强的树冠和枝头部会尤显粗壮，可在芽停止生长、针叶见绿时对照中等芽长用手指掐断，天津地区一般情况下芽在3～5个时，要对称留2个芽，树蜡多时留1/3，剪切的树，肥要大一些，便于保证芽势健壮。

六月

新芽已长成针叶，此时实施摘芽短针法。除弱小须养壮的芽外，将芽从芽基部剪断，只留去年老针3～5束，其余老针全部拔掉，1～2周后会发二次芽。同时注意撤肥，控水。

七月

亦是选芽的好时期。选芽后树的吸水性会暂时减弱。此时可将肥撤除，等到新芽长到米粒大小时再进行施肥。

八月

对二次芽进行留芽作业。水肥充足的树会在摘芽后1~2周长出二次芽，其中有些壮枝会冒出4~5芽，如不处理，枝头会长成团状，破坏树形。

此时可用镊子去掉上下方向的芽，水平留两芽处理。一般上部强枝留弱芽，下部弱枝留壮芽，以此均衡树势。由于天津地区光照较强，应防止松树针叶被灼伤，可以进行遮阴管理。

九月

注意晚秋高温，傍晚叶面勤喷水。二次芽处于生长旺盛期，保证水肥充足。对长势不良的芽可一周喷1次叶面肥。天津地区依然要注意空气干燥的特点，尤其是中午，加强对四周的喷水，做好环境的保湿工作。

十月

外部生长基本结束，转为内部储蓄过冬能量。保证充足的肥料供给，壮实枝干。

2015年第二次创作

2019年再次改作换盆

经过10多年的制作与养护效果

十一月

此时的树姿叶色为一年中最美，在月底前保持肥料充足。进行拔针作业。原则上把切芽时留的老叶全部摘除，特弱枝不拔针。

十二月

进入休眠期。拔针、剪枝的最佳时期。剪枝造型会对树造成伤害，作业后注意保温保水。可洒一次石硫合剂。

（二）冬季盆景养护的方法

北方季节分明，与南方地区温暖潮湿的气候特征所不同，因此，在北方养护盆景，过冬的管理是一个重要的问题。为了使北方地区的盆景爱好者能够更好进行冬季养护，我先从温室暖棚管理入手。和大家一起去探讨盆景养护的管理方法。

1. 为什么冬季植物要进入温室暖棚进行养护？

①天津地区的正常气温对于一般的植物是没有问题的，但是会出现温度骤降的极端恶劣天气，温度可能从8℃直接降到-12℃，一天之内的温差可达20℃。

②盆景树木确实存在很多不耐寒的品种，北方如果常年养护必须使气温常年符合南方的温湿度标准。

2. 温室暖棚的日常管理

温室暖棚的种类：低温冷棚、高温暖棚。

（1）树木进温室暖棚的季节时间

对于怕冷的植物，如榕树、九里香、三角梅、博兰、山橘、海岛罗汉松等。每年的10月中旬就需要进棚，翌年4月中旬即清明过后便可以出棚。

对于不是特别惧怕寒冷的树木，如松柏、榆树、雀梅、白蜡、枫树类等，一般于每年的11月中下旬以后进棚，出温室暖棚的时间一般在3月中下旬。

（2）温室暖棚的养护方法

温室养护植物与露天的养护是完全不一样的，在浇水方面，不能与夏季相同，也就是说不能全部一起浇水。由于植物吸收水分的不均衡，造成盆土干湿的不统一，浇水不能统一对待，而应该因树而异，一树一策。同时，注意每隔15天左右应对植物叶面全面喷水。另外，注意冬季植物休眠期不需要施肥。

温室暖棚温度的掌控，要注意早进暖棚的植物，夜间的温度不能低于8℃，如果发生极端天气时，温度低于8℃，最多不能超过2天，当温棚低于5℃时，必须加大供暖力度。

通常在高温棚和低温棚的管理上，高温棚的加热方式主要采用烧煤取暖或电热风取暖，大棚外的加盖棉被。如果外面温度超过10℃，此时的高温棚温度会很高，当高温棚超过35℃时，要加大通风口，必须保持空气的流通。对低温棚的管理，要保持冬季的通风，将温度控制在20℃以下，其作用是便于植物的休眠，使翌年植物更好地生长。冬季温室内应经常通风换气，一般通风时间在晴天中午进行，通风口打开的大小，应根据树桩盆景的生长习性和温度要求的高低，适当通风降温、降湿。天气寒冷时，通风口宜小，时间宜短，相反通风口宜大，时间宜长。通过通风换气，可以降低温湿度，防止病虫害发生，补充室内有效气体成分。室内温度过高，常

绿的树桩盆景进入第二次生长高峰，枝条生长细弱，抗性差。

3.植物换土的时间管理

本人结合自己近40年的天津地区的气候特点认为，在温室暖棚中换土，更有利于盆景中植物的生长，原因是天津地区在3～4月间室外风较大，对换完土的新根生长不好，而在温室暖棚里新根生长迅速，确保树木在出棚前的根系长出。所以给植物换土的时间一般在每年的2月中下旬完成，比常规的换土时间提前了近1个月，为了更有利于初学者的学习，下面将换土的过程及方法概括如下。

（1）换至新土的配比方法

松柏类的土一般采用赤玉土60%、桐生砂30%、木炭10%的比例方式进行配置。

杂木类的土一般也可使用上面的方法，但考虑到经济的因素，也可以按照黄土50%、河沙50%的比例配制，既经济又实用。

（2）翻盆换土的步骤

为什么要对植物进行翻盆换土？植物栽入盆中时间久了以后，盆土中的养分耗损，土质贫瘠变劣，原有的良好土壤结构受到破坏，开始板结、透水、透气、蓄水肥能力变得较差，同时经长年在盆中生长，植物的根系拥挤密集，充满整个盆体之中，使新的根系及根毛不能

产生，为了使栽入盆中的树木继续生长，就必须翻盆换土，使根系重新获得更新复壮的条件。

①先绞断盆体中加固的金属丝，用手钩松弛盆体的四面土，将植物整个提出盆体。

②将原盆的土去掉2/3，同时将老根、枯根、断根、密根进行剪除清理，要根据观赏的需要及根的走势来对根进行修剪造型，修剪完成后再对根须喷洒适量的杀菌剂。

③将盆体整个进行清理，清洗干净后，垫上防虫网并固定好，同时从盆底的漏水空处穿好加固金属丝。在盆体的底部结合所留根细的多少铺一层底土。

④将换土的树木，结合盆体的结构、植物根爪的走向及枝条的长短方向，将植物定植在盆中，并用准备好的加固铅丝将树木加固好。选盆要适中，不宜过大，尤其是松树的换盆更要注意这个细节，一般情况下松树的盆土干得越快，越利于生长。

⑤将加固好的树木，调整到位后，开始向盆体中填土，同时使用竹签填塞压紧，使树根与泥土紧密结合。

⑥整个换土工作结束后，将盆面用雾水喷湿，同时将介质泡水阴湿，铺在盆土表面，将新换的植物盆土浇透，把新换土的植物放置避光处，减少暴晒。

⑦换土的一般规律是小型、过浅的、长势旺盛的盆景一般2~3年换土一次。中型桩3~4年翻盆一次，大型桩景每5年翻盆换土一次。如果发生特殊情况，造成树木的长势明显欠佳的，则可以及时翻盆或者提前翻盆，时间一般在春寒期刚过，植物根系旺盛活动期未到之时进行。

3.植物出温室暖棚的管理方法

（1）春季盆景的养护需要注意的问题

树木被搬出温室暖棚后，一般情况下，一天两遍水，尤其是开春的天气，风干物燥，天津地区属于北方季风天气，风较大，要对叶面、盆面、台面、地面进行喷淋，以确保生长环境的湿润。松树类对土壤要求偏干，常湿则叶黄致死，而柏类则喜偏湿，古有"干松湿柏"之说，我个人认为此说法并不完全对，柏树也不能太湿，比如真柏越干在天津地区长势越好。要注意在5月下旬每天的上午11点到下午的3点，室外光线太强，要对树木进行遮阴管理。

（2）夏季盆景的养护需要注意的问题

5月开始，是天津地区植物生长的黄金期，北方天气气候的特点就是四季分明，所以植物养植的最佳的生长期相对南方而言还是较短的，作为天津地区的盆景爱好者每年应充分抓住一年中植物生长的黄金期，特别注意生长的环境湿度变化，对于冬季休养好的树木，出棚后开始发出新芽，应注意光照的均衡，树木的遮阴，同时也要注意倒春寒的发生。

翻盆换土。在北方地区六七月份是罗汉松长势最旺盛的时期，此时为换土修剪的最佳时间

6～7月，是植物生长的旺盛期，但是根据常年的天津地区的气候特点，会发生干旱，降水稀少，盆土中的水分蒸发较快，一般情况下早晚两遍水，浇水时间一般在上午9～10点，下午3～4点，如果雨水较大可根据实际降水量进行减少浇水次数。

6月底到7月上旬是天津地区阳光最充足的时间段，更应该注意对树木叶面水的喷淋，保证植物生长环境的湿度，要薄肥勤施，一般在一周施肥一次，本人一般使用麻酱饼、骨类进行发酵使用，同时使用硫酸亚铁，矾肥水以减少北方的碱性水质对植物生长的影响。

生长期的树木，如果不参加展评活动，应尽量不摘叶修剪，同时注意对盆中杂草进行及时清除。多观察天气的变化，在气温较干燥、雨水较少的情况下，可以浇水湿一些，在正常情况下一天两遍水，在非干燥少雨的情况下，一周应让植被略干一次，其目的是让植被更好地进行呼吸，但在持续高温少雨的空气环境下，是绝对不能停水的。在下小雨时，要认真观察盆土的干湿情况，夏季植物生长较快，根部吸收水分能力较强，注意盆土上下吸收水分的均衡性，以免在养护过程中发生遗漏，造成盆景的死亡。如果发现长势不佳的，应及时移入遮阴大棚进行养护，而对于长势较旺的可以大水大肥，对于已经成型的盆景也要注意树形的保持，要适当地进行控水控肥。

天津地区杂木修剪的时间，在不参展时一般要在春、秋两季进行，躲过植物的生长黄金期。而我认为一年中最合理的修剪方式应该在秋季进行，并且一次完成。但是如果是榆树、雀梅这样的品种，可以在8月底进行摘叶修剪，正常气候条件下15天出新叶，新叶较嫩，同时落叶较晚，经过秋冬气候交替时的霜打，便可以出现整树红叶的优美景观。天津地区的盆景爱好者可以根据这两种植物的生长特性，进行摘叶管理，也会取得不一样的观赏效果。

（3）秋季盆景养护需要注意的问题

如果秋季营养积累不充分，秋梢不能木质化，翌年必然花少果小。未木质化的新老枝条必须接受严冬的考验，严冬比酷暑的考验更残酷，所以秋季就必须为盆景植物树木越冬创造条件，促其秋芽早发，延长生长时间，加快树的长势，充分积累养分，利其顺利越冬。秋季树桩发芽的时间晚，生长时间缩短，营养积累不充分，小枝未木质化，老弱枝和内膛枝未积累足够的养分，越冬易缩枝和枯枝。

①光照。树木在秋季应加强光照，将盆置于全日照的地方，任太阳光照射，有利树木积累营养，生根长叶，开花结果。

②盆土。土应干湿交替，干透浇透。平时经常松土，让空气渗入，增加土内含气量。盆土干湿交替，干燥时土内水分少，空气能渗透到被水分填充的空隙，根的呼吸顺畅。适当干燥，能促使根的生长，有利秋梢发

育，并能形成小叶。

③施肥。肥料要适时适量，初秋要及时多次淡施（盆友们可以用玉肥，方便、卫生、无任何令人不愉快的气味且肥力足），中秋少施，晚秋时控制施肥，以不促发晚秋梢为宜。这样用肥能促使秋梢早发旺发，使营养生长与生殖生长同时进行，翌年必定叶茂花繁果多。如果树势很好，秋肥较多，可能出现春花秋开。我的乌柿、罗汉松多次出现春花秋开，春果秋结现象。秋肥早施在果树生产中应用较多，而树桩管理更精细，所以更应秋肥早施。

盆景如何施肥？

· 石榴、海棠、紫藤、火棘、南天竹等观花、观果盆景要多施磷、钾肥。

· 五针松、黄杨、常春藤等观叶盆景，应以氮肥为主，辅以磷钾肥。

· 松柏类盆景，可自制豆饼腐熟水稀释肥料，1年3次。

· 春夏秋生长季节可施肥，冬季休眠期停止施肥。

· 刚上盆的树木，新根还没有长出，不能施肥。

· 液肥不能过浓，一定要稀释后才能使用，否则会产生肥害。

· 有机肥、饼肥一定要经过充分腐熟后才能够应用，否则会在盆土中发酵产生高温而烧伤烧死根系。

· 作为追肥的液肥水不要洒在叶片。

· 晴天施肥好，雨天和梅雨季节不宜施肥。

（三）盆景常见的7种病虫害

除了土壤、水会给盆景带来病虫害，后天病虫害的防治也是至关重要的。严重的病虫害会造成根死、退枝、落叶、上下供养不平衡等，慢慢使全株盆景死亡，所以平时要"预防为主，治疗为辅"，根据情况进行定期或不定期的病虫菌综合防治，也可单治单防，一般一月一次或多一点。一般预防及治疗药物有多菌灵、百菌清、波尔多液、敌克松、甲基托布津、石硫合剂、氯氰菊酯、蚜虱净、吡蚜酮等。营养剂有丰收素、生物菌肥、磷酸二氢钾、壮苗促根剂、喷施宝等。

①盆景枝干病害。枝干出现病害表现在枝干的韧皮部，形成层腐烂，枝干呈现出茎腐和溃疡、表面腐烂、干心腐朽、枝条上发生斑点等现象，通常应喷洒波尔多液，刮去腐烂的局部等。

②盆景叶面病害。叶面病害通常出现黄棕色或黑色斑点、卷缩、枯萎、早期落叶等症状，可能是黄化病、叶斑病、煤烟病、白粉病等，叶斑病可摘去病叶，喷洒波尔多液，黄化病可使用0.1%～0.2%的硫酸亚铁溶液喷洒叶面，白粉病可使用0.3～0.5波美度石硫合剂喷洒。

③盆景根部病害。大多数是由于伤口被病菌侵入和栽种管理不当，淋水施肥过多，盆土过湿，根系窒息而引起腐烂。防治是及时把原株挖起，剪去烂根，用高锰酸钾5000倍液泡浸1小时，然后用新土重种。

④白粉病。得病植株的叶片、枝条、花芽表面均有一层白粉状物。防治是及时搬到通风向阳地方，控制湿度，剪除病枝叶并烧毁；喷洒杀必烈100倍液，每隔10天左右1次，连续2次，喷药后1周左右，可喷洒硫酸亚铁1000倍液作根外施肥、恢复树势。

⑤蚜虫。有褐色、绿色、黑色、红色和灰色等，蚜虫小，每年3～10月为繁殖期，群集于榕树、朴树、雀梅等盆树的幼嫩叶上，吸取营养。防治用80%敌敌畏乳油1200～1500倍液喷杀。

⑥红蜘蛛。红蜘蛛在植株叶上结网，以其口器刺入枝叶吸取汁液，受害叶片的叶绿素受破坏，色泽变淡黄，叶面呈现细密灰黄斑点，叶片逐渐枯黄败落，有的甚至全株叶片脱光枯死。可喷洒敌敌畏或乐果1000～1500倍液，消灭之。

⑦天牛。天牛雌虫咬破树皮产卵于枝干上，初孵幼虫在树皮下蛀食，长大后蛀入树干、根内，被危害的植株往往蛀空而枯死。防治时，可据排泄物判断虫害所在部位，用适度铁丝插入虫孔刺死幼虫，也可用敌敌畏200倍液浸湿棉花球塞入蛀孔，用药毒杀幼虫，然后用湿泥密封。

四 创意盆景的制作方法

（一）瓶景的制作过程

盆景的制作千变万化，但最终都将以美好的景象展现给大家，本章讲述如何将悬崖式地柏桩材与瓶罐器皿相结合，产生出另外一种工艺美术的效果。

制作步骤

①首先将培养12年的珍珠柏从种植盆中取出，注意在刨起的过程中尽量多地保留根系，以便日后的生长。

②将种植的瓶罐进行观察，并进行确面，将瓶面花色相对丰富的一面作为开凿的正面。

③将起出的珍珠柏的根部对准瓶的正面，并进行上下左右的调整，要通过多角度进行观察，确认好与根部位置相对应的开凿面，应注意开凿点要掌握开凿后，放入珍珠柏后从视觉上留出瓶口沿3cm左右的空间。

④珍珠柏根部与瓶器的开凿部位确立后，使用粉笔在瓶面上进行勾画，注意开口不要过大。

⑤对瓶面确定开凿轮廓后，就可以使用电锯对勾画的轮廓进行切割，在切割的过程中，轮廓要自然，避免出现直角或死角，要有曲折变化的美，切割后将轮廓打磨平整。整个过程应在喷雾状态下完成，其目的主要是降温和防尘。

⑥瓶面的开口开凿好后，将防虫网、防漏网铺入罐中，同时注意侧面的防漏网的铺设要平整合理。

⑦将珍珠柏桩材使用金属丝钩住，将根部插入开凿洞中，同时附上防漏网，然后进行摆位调势，确定到位后，将金属丝加固紧，防止在动土的过程中造成松动。

⑧使用赤玉土、桐生砂按1：1的比例进行配比，搅拌均匀后，倒入瓶罐之中，边放土，边用竹签压实。

⑨瓶罐植土完毕后，进行全面的观察，对植栽的珍珠柏进行整姿，修剪出层次，对飘枝的长短进行修剪。整改结束后，拆除加固使用的金属丝。

⑩整个瓶景的制作过程全部完成后，将瓶景作品浇透水，放在遮阴处进行养护。

瓶景制作前的准备工作

《春云出岫》

树种：珍珠柏
飘长：62cm

（二）再生盆景

有些新接触盆景的爱好者，在盆景养护过程中经常出现很多问题，造成盆景死亡，我作为常年的盆景守护者、爱好者，看到这样的情况，也会非常心痛，他们在和我沟通这个问题的时候，给了我一些启发，如何让不懂盆景养护的人，也能轻松拥有自己喜欢的盆景？如何让失去生命的盆景有存在的意义和价值，并且能"永恒地活着"？

通过长期的思考、研究，同时本着绿色环保的理念，我创新制作出新的盆景欣赏模式——再生盆景。现将这一模式介绍给盆景界的朋友们。

1.发展再生盆景的现实意义

①随着生活的富足，很多新人加入盆景行业的大军中，由于刚入行，养护能力有限，不能很好地将作品养活，从而造成好的作品死亡。

②很多好的作品，因各种问题死亡，十分可惜，但是树材木质结构已经具备活化石的成分。

2.再生盆景的优势

①可塑性强，绿色环保。

②受环境影响小，可长期保持鲜艳，四季如一，不会出现衰败干枯现象。

③维护简便，枝叶不发霉腐烂，不需浇水，不滋生蚊虫。

④可通过对作品线条、颜色、形态和质感的统一来达到作品在意境上的美、雅、静的深刻内涵。

3.再生盆景制作上的精髓内涵

①再生盆景的思想来源依然是枯枝盆景的制作思想，但是我们对枯枝的使用不是简单的人工制作，而是确实采用木化石的崖柏的干与枝，从而突出历尽沧桑的年代感，体现出树木因生长环境的恶劣而艰苦求生的拼搏精神。

②盆景盆器的选用，一丝不苟，一律都是结合树形的生长特点配上名家的盆器，以保证整体作品的内在效果。

③为了保证再生盆景的终极效果，从舍利干的选材，到盆景枝叶的蟠扎，完全按照盆景养护、造型的整体设计来完成。

再生盆景是我对盆景枯枝再利用的一些想法，其制作实践的过程，还有很多不足之处，也诚恳地希望盆景朋友多提宝贵意见，为盆景枯干的再利用，作出新的贡献。

五　山水树石类作品欣赏

《秋山晚翠》

石种：浮石
树种：珍珠柏
盆长：150cm

《蓟北雄关》

石种：砂积石
盆长：120cm

《苍龙卧岭》

石种：砂积石
盆长：120cm

《波静夕阳斜》

石种：砂积石
盆长：150cm

《国魂》

石种：砂积石
盆正圆：100cm

《云峰林谷图》

石种：砂积石

盆长：150cm

《别有天地非人间》

石种：纹石
盆长：120cm

《一览众山小》

石种：英德龟纹石
盆长：180cm

《云山叠影》

石种：砂积石
盆长：100cm

石种：斧劈石
盆长：90cm

《月夜山眠》

石种：海母石
石高：48cm
盆长90cm

《金戈铁马》

石种：英德石

树种：朴树

盆长：150cm

《疏影横斜水清浅》

树种：出猩猩
盆长：120cm

《石韵林风》

树种：朴树

盆长：70cm

《苍林远岫图》

石种：龟纹石

树种：真柏

盆长：120cm

《共享自然》

树种：珍珠柏

树高：42cm

《春日柏林画秀色》

石种：纹石

树种：真柏

盆长：120cm

《携琴访友》

树种：真柏

树高：80cm

《巅》

树种：雀梅

树高：110cm

《云林画意》

树种：真柏

树高：70cm

《岁月春秋》

石种：英德石
树种：朴树
树高：75cm

《高士图》

石种：英德石

树种：真柏

树高：85cm

树种：榔榆
树高：65cm

《独鹤清幽》

石种：英德石

树种：罗汉松

树高：88cm

树种：出猩猩
树高：85cm

六 树木盆景作品欣赏

《临江揽月》

树种：山松
飘长：150cm

《春秋风云》

树种：黑松
树高：120cm

《盛世显风华》

树种：真柏
树高：96cm

《桃园兄弟》

树种：真柏
树高：93cm

《岁月如歌》

树种：黑松
飘长：50cm

《清溪松影》

树种：黑松
飘长：39cm

《行到水穷处，坐看云起时》

树种：山松
树高：140cm
树宽：190cm

《柏盛千秋》

树种：台湾真柏
树高：150cm

《极目苍穹》

树种：黑松
树高：90cm

《苍松蒲草图》

树种：马尾松
树高：110cm

《轻歌曼舞》

树种：黑松
树高：80cm

《劲松贺岁》

树种：黑松

树高：65cm

《不忆春秋》

树种：黑松
树高：65cm

《览胜》

树种：黑松

飘长：115cm

《傲然》

树种：黑松
树高：53cm

《傲骨仙风》

树种：台湾真柏
树高：98cm

《松韵》

树种：黑松
树高：110cm

《苍翠傲霜雪》

树种：赤松

飘长：88cm

《回首展翠》

树种：黑松
树高：87cm

《柏劲千秋》

树种：真柏

树高：67cm

树种：龙柏
树高：100cm

《苍龙卧涧》

树种：龙柏
树高：70cm

树种：黑松
树高：60cm

树种：黑松
树高：58cm

《前朝遗物》

树种：龙柏
树高：118cm

《风韵奇古》

树种：真柏
树高：85cm

《古韵悠扬》

树种：山松
飘长：70cm

《邀月》

树种：山松
飘长：86cm

《野趣清幽》

树种：真柏
树高：60cm

《春云出岫》

树种：珍珠柏

飘长：62cm

《闲逸》

树种：珍珠柏
飘长：65cm

树种：真柏
树高：35cm

树种：珍珠柏
飘长：45cm

树种：珍珠柏
树高：30cm

树种：罗汉松
飘长：25cm

《浩然正气》

树种：黑松
树高：130cm

《沧海游龙》

树种：山松
树高：100cm

《鹤骨仙姿》

树种：山松
树高：120cm

《松涛天籁韵》

树种：黑松

树高：108cm

《舞者》

树种：山松

树高：80cm

《彬彬有礼》

树种：黑松
树高：98cm

《相携》

树种：黑松

树高：135cm

《楚霸雄风》

树种：黑松
树高：75cm

《展望》

树种：黑松

树高：65cm

《相濡以沫》

树种：真柏
树高：53cm

《醉舞回眸》

树种：真柏

树高：60cm

《良缘》

树种：刺柏
树高：100cm

《劲风疾枝》

树种：真柏

树高：55cm

《铁骨柔情》

树种：真柏
树高：78cm

树种：罗汉松
树高：78cm

《淡然》

树种：真柏
树高：68cm

《雀舞鹤姿》

树种：雀梅
飘长：40cm

《春林晨曲》

树种：榔榆
树高：110cm

《绝壁苍龙》

树种：三角梅

飘长：140cm

《渤海风潮》

树种：对节白蜡

树高：85cm

《历挫不屈》

树种：榔榆

树高：40cm

《临溪畔趣》

树种：榔榆
树高：50cm

《砺砺风骨》

树种：霞浦榔榆
树高：33cm

《舞韵》

树种：榔榆
树高：65cm

《清风柳韵》

树种：柽柳

树高：58cm

《何惧风霜》

树种：三角梅
树高：150cm

《傲骨飘香》

树种：九里香
树高：86cm

《晚秋》

树种：榔榆

《峭壁攒峰千万枝》

树种：六角榕
飘长：60cm

《高风亮节》

树种：榔榆
树高：120cm

《沧桑岁月》

树种：榔榆
树高：52cm

树种：出猩猩
树高：45cm

树种：出猩猩
树高：65cm

树种：出猩猩
树高：90cm

树种：出猩猩
树高：93cm

树种：苏铁
树高：80cm

七　竹草花果类作品欣赏

竹种：凤尾竹
竹高：76cm

《竹园幽梦》

竹种：凤尾竹
竹高：115cm

树种：紫竹
竹高：90cm

竹种：米竹
竹高：45cm

树种：金丝佛肚竹
竹高：50cm

观音竹
竹高：45cm

澳洲风竹

竹高：40cm

米竹
竹高：38cm

竹种：米竹
竹高：30cm

米竹＆星星藓
竹高：25cm

金凤凰菖蒲

贵船苔菖蒲

朵朵鲜

星星藓

竹种：酢浆草

沉木&金钱菖蒲

沉木＆姬姬菖蒲
木长：52cm

《梅影》

树种：三角梅

树高：95cm

《飘然下凡间》

树种：三角梅
树高：88cm

《笑迎天下客》

树种：三角梅

树高：98cm

树种：石榴
树高：25cm

树种：三角梅
树高：40cm

《紫气东来》

树种：紫藤
树高：50cm

树种：紫薇
树高：52cm

树种：紫薇
树高：93cm

树种：紫薇
树高：60cm

树种：紫藤
飘长：35cm

《晓迎秋露》

树种：紫薇
树高：58cm

树种：紫藤
树高：40cm

八 再生盆景作品欣赏

树种：黑松
飘长：100cm

树种：黑松
树高：95cm

树种：崖柏
树高：120cm

树种：崖柏
飘长：150cm

树种：崖柏
树高：100cm

树种：黑松
飘长：30cm

树种：黑松
飘长：70cm

树种：三角枫
树高：95cm

树种：柏树
树高：60cm

树种：柏树
树高：110cm

树种：柏树
树高：95cm

树种：柏树
树高：80cm

树种：柏树
树高：120cm

树种：柏树
树高：85cm

树种：柏树
树高：100cm

树种：枫树
树高：54cm

树种：枫树
树高：58cm

树种：枫树
树高：60cm

树种：梅花
飘长：65cm

树种：梅花
树高：68cm

树种：梅花
飘长：50cm

树种：梅花

树高：30cm

九 日常及活动花絮

首届全国盆景大师展嘉宾、领导合影

1982年，笔者制作山石盆景

2015年6月，培养小外孙盆景兴趣

2016年6月，培养小外孙盆景兴趣

2016年10月，笔者培养小外孙盆景兴趣

2016年，笔者到张志刚老师的励志园参观学习

2016年，笔者在沭阳高级盆景研修班进行实操，评委点评现场

2019年国际盆景协会（BCI）中国地区委员会会员精品展暨中国盆景精品邀请展上，笔者与梁悦美大师合影

2019年1月，笔者挑选山水盆景石材

2019年国际盆景赏石大会暨中国·遵义第四届交旅投杯盆景展

2019年中国盆景协会（BCI）中国地区盆景精品展上与中国风景园林学会花卉盆景赏石分会领导大师合影

2021年，沈柏平大师来宜园指导

BCI主席与副主席为荣获BCI国际盆景大师称号的中国盆景艺术家授牌，合影留念

成都邀请展上笔者与张志刚、吴德军老师一起

2015年4月，笔者和盛影蛟大师合影

2018年11月，笔者和盆景大师徐昊合影

答谢晚宴嘉宾合影

2020年6月，笔者在琅琊园与范义成大师合影

笔者与世界盆景友好联盟主席林赛·贝博（中）进行交流

丹麦盆景朋友到宜园交流

第八届亚太地区盆景赏石展，笔者向贺淦荪大师学习风动式盆景制作

第七届中国盆景学术研讨会暨精品盆景（成都）邀请展上，笔者与各位老师交流探讨盆景知识

第一届京津冀盆景展制作表演现场

嘉宾参观遵义湄潭湜园盆景园

培养外孙盆景兴趣

盆景日常养护

扦插培养的小柏树，作为山水盆景配树使用

笔者向盆景爱好者传授松树短针切芽技艺

在第一届京津冀盆景展中，笔者与赵庆泉、李云龙、李克文、马景洲进行点评

笔者在宜园向盆景爱好者介绍养护知识

2019年6月，笔者与郑永泰、黄敖训、吴卫其、张福禄、董方、郝斌等在宜园合影

中国风景园林学会花卉盆景赏石分会为中国盆景大师、BCI国际盆景大师颁发金质徽章

笔者与冯连生大师合影

郑永泰老师和黄敖训老师到宜园指导盆景制作技法

首届全国盆景大师、BCI国际盆景大师作品展览合影